普通高等教育研究生教材
中国药科大学研究生精品教材

制药行业EHS理论与应用

郭瑞昕　宋雅琴　柯　健　主编

化学工业出版社

内容简介

《制药行业 EHS 理论与应用》系统阐述了制药行业环境、健康与安全（EHS）管理的理论基础、前沿技术、法规政策、管理体系及实践应用。全书共分五个部分，主要内容包括：制药行业 EHS 基础理论与发展趋势、国际与国内 EHS 法规体系及合规管理策略、EHS 管理体系的整合与数字化创新、药源性污染物的环境行为与生态毒理学、制药废水与大气污染控制前沿技术、固体废物资源化与循环经济模式、新兴职业健康风险评估与管理、制药工艺安全的系统性风险管理、特殊药物的 EHS 管理策略、数字化转型与 EHS 管理创新、EHS 绩效评估与持续改进，以及制药行业 EHS 未来发展趋势、研究前沿与方法等。本书理论体系完整，结构科学严谨，突出理论与实践的紧密结合，精选大量企业实际案例，反映了制药行业 EHS 管理的进展和前沿趋势，体现了学科交叉融合的特色，注重培养读者的综合思维与实际问题解决能力。

本书可作为制药工程、药学、中药学、环境科学与工程、医疗产品管理、健康服务与管理等相关专业研究生的教材，也可供制药企业 EHS 管理人员、工程技术人员及相关领域研究人员参考使用。

图书在版编目（CIP）数据

制药行业 EHS 理论与应用 / 郭瑞昕，宋雅琴，柯健主编. -- 北京 : 化学工业出版社，2025. 8. --（普通高等教育研究生教材）. -- ISBN 978-7-122-48173-3

Ⅰ. X787

中国国家版本馆 CIP 数据核字第 20253TM874 号

责任编辑：满悦芝　　文字编辑：贾羽茜
责任校对：田睿涵　　装帧设计：张　辉

出版发行：化学工业出版社
（北京市东城区青年湖南街 13 号　邮政编码 100011）
印　　装：北京印刷集团有限责任公司
787mm×1092mm　1/16　印张 12¾　字数 308 千字
2025 年 9 月北京第 1 版第 1 次印刷

购书咨询：010-64518888　　售后服务：010-64518899
网　　址：http://www.cip.com.cn
凡购买本书，如有缺损质量问题，本社销售中心负责调换。

定　　价：59.80 元

本书编写人员名单

主　　编　郭瑞昕　宋雅琴　柯　健

编写人员　郭瑞昕　宋雅琴　柯　健

张玮航　蒲少臣　张安琪

前 言

《制药行业 EHS 理论与应用》是中国药科大学研究生精品教材，旨在系统阐述制药行业 EHS 管理的理论基础与实践应用。本教材的编写立足于制药行业特点，融合管理科学理论与行业实践经验，力求在理论深度和应用价值之间达到平衡，为培养高层次制药行业 EHS 管理人才提供全面的知识体系。

随着制药行业的快速发展，EHS 管理在保障生产安全、促进环境保护、维护职业健康等方面的重要性日益凸显。本教材系统梳理了 EHS 管理的基础理论，包括风险管理原理、系统安全工程、环境科学基础、职业健康防护等核心内容，同时深入探讨了这些理论在制药行业的具体应用，为读者构建起从理论到实践的完整知识框架。

我们始终坚持“立德树人”的教育理念，注重培养学生的理论素养和实践能力。教材编写组汇集了中国药科大学相关学科的专家教授，基于多年的教学科研经验，精心设计了教材的理论体系和应用案例。全书共 14 章，按照“理论基础—技术方法—应用实践—前沿发展”的逻辑展开，既确保理论的系统性，又突出应用的实用性。

在理论建设方面，本教材深入阐述了 EHS 管理的基本原理、方法论体系和发展规律，为学生构建起坚实的理论基础。在应用研究方面，我们精选了大量来自制药企业的实践案例，系统总结了管理经验和创新方法，帮助学生理解理论如何指导实践。特别值得一提的是，教材还融入了数字化转型、智能制造、绿色发展等前沿议题，展现了 EHS 管理理论与实践的发展趋势。

本教材主要面向制药工程、药学、中药学、环境科学与工程、医疗产品管理、健康服务与管理等专业的研究生，同时也可作为制药企业 EHS 管理人员的重要参考书。每章都精心设计了教学目标、理论要点、案例分析和研究思考，既有利于课堂教学，也适合自学研究。通过理论学习与案例研究的有机结合，培养学生运用理论解决实际问题的能力。

在编写过程中，我们特别注重理论与应用的衔接，每个理论概念都配有相应的应用实例，每种管理方法都附有具体的实施指南。通过这种理论与应用并重的方式，帮助读者真正掌握 EHS 管理的核心要义，提升解决实际问题的能力。同时，教材还注重学科交叉融合，将环境科学、安全工程、管理科学等多学科知识有机结合，培养学生的综合思维能力。

制药行业 EHS 管理既是一个实践性很强的应用领域，也是一个理论创新活跃的研究领域。本教材致力于搭建理论与应用的桥梁，既要传授系统的专业知识，又要培养学生解决实际问题的能力。我们期待本教材能够成为培养高素质制药行业 EHS 管理人才的有力工具，为推动行业的绿色健康发展做出贡献。

在此，我们要特别感谢中国药科大学各位同仁的支持和帮助，感谢参与审稿的专家学者提出的宝贵意见。由于编者水平有限，书中不足之处在所难免，恳请广大读者批评指正。我们将在教学实践中不断完善教材内容，为提升制药行业 EHS 管理的理论研究和实践应用水平继续努力。

中国药科大学

教材编写组

2025 年 5 月

教材特色与编写理念

本教材作为中国药科大学研究生精品教材，在编写过程中始终坚持“理论指导实践、实践深化理论”的基本理念，形成了系统的编写思路，并展现出鲜明的教材特色。

教材特色主要体现在以下几个方面：

第一，体系完整，结构科学。全书系统构建了制药行业 EHS 管理的理论框架和实践体系，各章节之间逻辑严密、有机衔接。从基础理论到前沿应用，从管理方法到实践案例，形成了一个完整的知识体系。通过科学的内容组织，帮助读者建立系统的知识结构，培养整体思维能力。

第二，理论与实践紧密结合。本教材注重将理论知识与行业实践相结合，每个理论观点都配有相应的应用案例，每种管理方法都附有具体的实施指南。精选的案例来自制药企业实践，具有很强的典型性和启发性，有助于读者深入理解理论知识，提升实践应用能力。

第三，反映学科前沿发展。教材融入了数字化转型、智能制造、绿色发展等新理念、新技术，突出 EHS 管理与现代信息技术的深度融合。通过展现学科发展新成果，拓宽读者视野，培养创新思维，同时也为制药行业 EHS 管理的未来发展提供了思路和方向。

第四，注重学科交叉融合。本教材打破传统学科界限，将环境科学、安全工程、管理科学等多学科知识有机融合，体现了现代 EHS 管理的综合性特点。这种交叉融合的特色，有助于培养学生的跨学科思维能力，提升解决复杂问题的综合素养。

在编写理念上，我们始终坚持以下原则：

坚持立德树人根本任务。在传授知识的同时，注重培养学生的责任意识和职业操守，引导学生树立正确的价值观和职业理念。将可持续发展、绿色发展等理念融入教材内容，培养学生的社会责任感。

强调能力培养导向。教材设计突出对研究生科研能力、创新能力和实践能力的培养。通过理论学习、案例分析、问题研讨等多种形式，培养学生发现问题、分析问题和解决问题的能力。每章都设置了研究思考题和扩展阅读，引导学生开展深入研究。

采用启发式教学方法。教材编写采用“提出问题—分析问题—解决问题”的思路，通过案例分析、情景模拟等方式，激发学生的学习兴趣和思考热情。在内容呈现上，由浅入深，循序渐进，便于学生理解和掌握。

注重教学实用性。针对研究生教学特点，每章都明确了教学目标，细化了重点难点，配套了各章节的知识导图，便于教师组织教学，有助于提高教学效果。

在具体编写中，我们始终围绕制药行业 EHS 管理的核心内容，努力实现理论深度与应用价值的统一。通过科学的内容设计和合理的结构安排，既确保了教材的学术性和专业性，又增强了可读性和实用性。期待本教材能够真正成为研究生学习的优质教材，为培养高素质的制药行业 EHS 管理人才发挥积极作用。

目录

第一部分　制药行业 EHS 基础与前沿

第二部分　制药环境保护前沿专题

第四部分　EHS 管理创新与实践研究

第五部分　未来展望与研究方向

第一部分
制药行业EHS基础与前沿

本部分旨在引导读者了解制药行业中环境、健康与安全（EHS）的核心概念和发展趋势。随着行业对公共健康和环境责任的关注度日益提升，EHS管理在制药研发、生产和供应链中的重要性也逐步显现。通过探讨制药行业EHS的独特挑战、全球发展趋势、新兴技术的应用，以及责任关怀与可持续发展战略的协同效应，本部分将为读者奠定扎实的理论基础，并提供行业前沿的视野。

第1章

制药行业EHS概论与发展前沿

在全球制药行业快速发展的今天，环境、健康与安全（environment，health and safety，EHS）管理已成为制药企业可持续发展的核心要素。本章作为教材的开篇部分，旨在为读者展现制药行业 EHS 管理的全貌，并探索其发展前沿。

随着科技的不断进步以及社会对企业责任要求的不断提升，制药行业的 EHS 管理正经历着前所未有的变革。行业从传统的合规管理模式逐步向智能化转型，从单一的安全管控到全面的可持续发展战略，这些变化不仅反映了行业的演变趋势，更揭示了未来可能面临的机遇与挑战。

本章将引导读者：

✓ 深入理解制药行业 EHS 的特殊性，认识其面临的独特挑战。

✓ 把握全球制药行业 EHS 的发展趋势，洞察未来的发展方向。

✓ 探索新兴技术在制药行业 EHS 中的创新应用。

✓ 理解责任关怀与可持续发展理念在制药行业的实践。

通过本章的学习，读者将对制药行业 EHS 形成系统的认知，这将为后续专题内容的深入学习奠定坚实的基础。

1.1 制药行业 EHS 的特殊性与挑战

EHS 管理是现代工业生产中不可或缺的重要组成部分。在制药行业，EHS 管理不仅关乎企业的可持续发展，更直接影响公众健康和环境安全。本节将深入探讨制药行业 EHS 的特殊性，并分析其面临的主要挑战，为读者提供一个全面而深入的行业 EHS 概览。

1.1.1 制药行业 EHS 的特殊性

制药行业的 EHS 管理具有鲜明特点，这些特点源于行业的本质属性和外部环境。可以从以下几个方面来理解这些特殊性。

1.1.1.1　复杂的化学和生物过程

制药行业的生产过程涉及复杂的化学合成和生物技术，这是其 EHS 管理的首要特点。与其他行业相比，制药生产面临更高的化学品暴露风险和生物安全隐患。

化学药品的合成过程通常需要经过多个反应步骤，每一步都可能涉及不同的反应条件、催化剂和溶剂，产生各种中间体和副产品。例如，常用的止痛药布洛芬的工业化合成通常采用 BHC 法，其中包括烷基化、水解、羧基化等多个步骤。每个步骤都存在潜在的安全和环境风险，如有机溶剂的挥发、强酸强碱的使用以及放热反应的温度控制等。这些复杂的化学反应不仅要求严格的安全管控，也需要优化环境管理，以减少有害物质的排放和环境污染。

生物制药领域的情况更为复杂。例如，在单克隆抗体的生产过程中，从细胞培养到纯化，每个环节都需要严格的生物安全控制。操作人员不仅面临生物活性物质的暴露风险，还需防止外源污染对产品的影响。例如，在细胞培养过程中，必须严格控制无菌条件，同时防止细胞培养物对操作人员的潜在感染风险，这对 EHS 管理提出了更高的要求。

高活性药物（high potency active pharmaceutical ingredients，HPAPIs）的生产更是对 EHS 管理提出了巨大的挑战。这类药物即使在极低剂量下也具有强烈的生物活性，因此需要采取特殊的职业暴露控制措施。例如，某些抗癌药物的职业暴露限值可能低至纳克级别，这要求采用更为精细和高效的控制技术。传统的通风橱可能无法提供足够的保护，需依靠更先进的隔离技术，确保操作人员和环境的安全。

1.1.1.2　严格的监管环境

制药行业是全球监管最为严格的行业之一，这对其 EHS 管理实践有着深远的影响。除了需要遵守一般的环境保护、职业健康和安全法规外，制药企业还必须满足药品监管部门的特殊要求。

药品生产质量管理规范/良好生产规范（good manufacturing practice，GMP）是制药行业必须遵循的基本准则，其中包含了许多与 EHS 密切相关的要求。例如，GMP 对生产环境的洁净度、温湿度控制、废弃物管理等方面都有严格规定。这些要求不仅直接影响产品质量，也深刻影响企业的环境管理和职业健康实践。例如，在洁净室管理中，GMP 明确要求不同等级洁净区的空气洁净度、换气次数和压差控制等具体指标。这些要求不仅确保产品的无菌性和质量，还与职业健康和能源管理密切相关。

跨国制药公司面临更为复杂的监管挑战，它们需要同时满足不同国家和地区的监管要求。例如，美国辉瑞公司在全球运营时，需要同时符合美国食品药品监督管理局（FDA）、欧洲药品管理局（EMA）和中国国家药品监督管理局（NMPA）等多个监管机构的规定。这种多重监管环境迫使企业建立全面而灵活的 EHS 管理体系。例如，在废水处理方面，企业可能需要同时满足美国环境保护署（EPA）的排放标准和欧盟《化学品注册、评估、授权和限制》（REACH 法规）的要求。这种情况下，企业通常会选择采用全球范围内最严格的标准，确保合规性并避免潜在风险。

1.1.1.3　持续创新与变革

制药行业以其高度的创新性和研发能力而著称，这种创新精神深刻影响了其 EHS 管理。新药研发、新兴技术的应用和生产工艺的持续优化，不仅为 EHS 管理带来了新的机遇，也提出了诸多挑战。

在新药研发过程中，研究人员经常需要合成和测试新的化合物，这些化合物的潜在危害可能尚未完全了解。例如，在小分子药物筛选阶段，可能需要合成数千种新化合物。EHS 管理人员必须与研发团队紧密合作，建立有效的风险评估和控制措施。一个典型的做法是建立分级管理系统，根据化合物的结构相似性、已知毒理数据等因素，将新化合物分为不同的危害等级，并采取相应的控制措施。

新兴技术的应用也为 EHS 管理带来了新的课题。以基因治疗为例，这一领域涉及复杂的生物安全问题。病毒载体的使用、基因编辑技术的应用等，都要求建立专门的安全管理体系。例如，2019 年 FDA 批准的脊髓性肌萎缩（SMA）基因治疗药物 Zolgensma 的生产过程中，涉及了复杂的生物安全管理问题。在这种情况下，传统的生物安全柜可能不足以应对，需要采用更先进的密闭系统和隔离技术，以确保操作人员和环境的安全。

此外，生产工艺的持续优化是制药企业提高效率、降低成本的重要手段，但每次工艺变更都可能带来新的 EHS 风险。这要求 EHS 管理具有高度的灵活性和适应性。例如，连续化生产技术的引入虽然能够提高生产效率、减少废弃物，但也带来了新的过程安全管理挑战。在连续化生产过程中，反应条件的微小变化可能导致产品质量的显著波动，因此需要更精细的过程控制和实时监测系统，以确保安全性和环境合规性。

1.1.1.4 高度敏感的公众关注

药物在环境中的残留问题日益引起全球关注。尤其是抗生素类药物的积累，可能导致耐药性细菌的产生，已成为全球性的公共卫生问题。例如，2015 年美国的一项研究显示，超过 65%的采样河流中检测到了人类和兽用抗生素的残留。这类研究结果不仅引发了对制药企业环境责任的讨论，还促使企业采取更为积极的应对措施。为了减少抗生素的环境排放，一些制药公司开始引入先进的废水处理技术。例如，瑞士诺华公司在其抗生素生产基地实施了高效的废水处理系统，大幅降低了抗生素的排放，展现了企业对环境保护的高度责任感。

制药一线员工的职业健康状况也常常成为公众关注的焦点，且直接反映了行业 EHS 管理的水平。历史上，一些制药公司因未能有效控制职业病问题而陷入舆论漩涡。例如，20 世纪 80 年代，一跨国制药公司因其青霉素生产车间的职业性哮喘问题受到广泛关注，这一事件促使整个行业加强了对生物活性物质暴露的控制。目前，现代制药企业普遍采用密闭系统、自动化生产线等技术，最大程度减少员工暴露风险，同时通过定期健康检查和长期健康监测确保工人的职业安全与健康。

此外，制药企业的 EHS 表现直接影响其社会形象和品牌价值。许多制药公司已经将 EHS 绩效纳入企业社会责任报告，回应利益相关方的关切。例如，强生公司在其年度 *Health for Humanity Report*（《人类健康报告》）中，作为环境、社会和治理（ESG）披露的重要组成部分，详细报告了能源使用、温室气体排放、水资源管理等环境绩效指标，同时还涵盖了社会责任和公司治理等方面的综合表现，彰显其对可持续发展的全面承诺。这种系统性的信息披露不仅有助于提升公司形象，也为行业树立了标杆，推动了更多企业关注并改善其环境和社会责任表现。

1.1.2　制药行业 EHS 面临的主要挑战

在深入理解制药行业 EHS 特殊性的基础上，进一步分析该行业面临的主要挑战至关重要。这些挑战既是行业发展的瓶颈，也为未来的研究和创新指明了方向。

1.1.2.1　新污染物的管理

随着分析技术的不断进步，环境中检测到的药物残留日益增多，这些微量但可能具有生物活性的物质被称为新污染物。其管理已成为制药行业面临的重大挑战，具体体现在以下几个方面：

① 微量污染物的检测与评估。许多药物即使在极低浓度下，也可能对生态系统造成显著影响。例如，某些合成雌激素类药物在浓度低至 1ng/L 时便可影响鱼类的性别分化。这要求开发更加灵敏的检测方法，并建立全面的生态风险评估体系。目前，液相色谱-串联质谱联用技术（LC-MS/MS）已成为检测环境中药物残留的主要手段。然而，如何将这些高精度的分析结果转化为有效的风险评估和管理措施，仍然是行业面临的挑战。

② 复杂的环境行为。药物及其代谢物在环境中的迁移转化过程复杂多变。以广泛使用的抗抑郁药氟西汀为例，其在水环境中可通过光解转化为多种产物，有些产物的毒性甚至超过了母体化合物。这种复杂的环境行为使得风险评估和管理变得更加困难。为了应对这一挑战，部分研究机构开始采用环境命运模型来预测药物在不同环境介质中的行为，但这些模型的准确性和适用性仍需进一步验证。

③ 处理技术的局限性。现有的水处理技术在去除某些药物残留方面效果有限。例如，常规的活性污泥法对于部分抗生素的去除率不足 50%。因此，亟须开发新的处理方法，如高级氧化技术、膜分离技术等。近年来，某些创新性处理技术在实验室和小规模试点中表现出良好前景。例如，光催化氧化技术在去除某些难降解药物方面表现出色，但其在大规模应用中的经济性和稳定性仍需进一步研究。

为应对这些挑战，制药行业需要采取全面的策略，包括：

① 药物研发阶段的环境友好性考虑。开发更易降解的药物分子。一些公司已开始探索使用计算机辅助设计来优化药物分子的环境属性，在保证药效的同时提高其生物降解性。

② 优化生产工艺。减少药物在生产过程中的环境排放。例如，采用绿色化学原则，使用更环保的溶剂、提高反应的原子经济性等。

③ 废水处理设施的升级与改造。引入先进的处理技术，如膜生物反应器（MBR）技术，提高对难降解有机物的去除效率。

④ 推动药物环境风险评估体系的建立。推动行业、学术界和监管机构共同努力，建立完善的药物环境风险评估体系和管理政策。例如，欧盟已开始将环境风险评估纳入新药审批流程，这种做法可能会在全球范围内推广。

这些策略不仅为制药行业解决新污染物的挑战提供了思路，也为可持续发展铺平了道路。

1.1.2.2　职业暴露控制的精细化要求

制药行业面临着越来越严格的职业健康标准，尤其是在高活性药物和生物制剂生产领域。这要求企业不断提高职业暴露控制的精细化水平。主要挑战包括：

① 极低暴露限值的控制。某些高活性药物的职业暴露限值极低，甚至接近或低于常规检测方法的检出限。例如，某些抗癌药物的职业暴露限值可低至 $0.1\mu g/m^3$，这对控制职业健康风险提出了极高要求。为了应对这一挑战，需要采用更为先进的工程控制措施和个人防护装备。在实践中，这可能意味着需要使用全密闭的生产系统，或者配备带有高效过滤器的正压隔离服。同时，暴露监测技术也需要升级，如采用更灵敏的实时监测系统或生物标志物检测技术，以便更精确地监控暴露水平。

② 多种活性物质的复合暴露。在多产品生产线中，工人可能同时暴露于多种活性物质，这种复合暴露的健康风险评估和控制是一个复杂的课题。例如，某些抗生素和抗炎药物可能具有协同毒性效应，增加了对职业健康的潜在威胁。为了应对这一挑战，制药企业开始采用基于风险的方法来优化生产线布局和清洁验证程序。例如，使用毒理学数据和暴露模型来确定不同产品之间的切换顺序和清洁要求，从而有效降低复合暴露的健康风险。

③ 新型生物制剂的安全性评估。随着生物技术的不断发展，越来越多的新型生物制剂（如基因治疗产品、细胞治疗产品）进入生产阶段。然而，这些产品的职业健康风险可能尚未完全了解。例如，生产 CAR-T 细胞治疗产品时，如何评估和控制基因修饰病毒载体的潜在风险成为新的课题。为了应对这一挑战，企业需要建立更加灵活和具有前瞻性的职业健康风险评估体系，及时识别并控制新型生物制剂的潜在危害。

为了应对这些挑战，制药企业需要采取以下措施：

① 投资先进的工程控制技术。如采用单次使用系统（single use system）来减少开放操作，或使用机器人技术实现高危操作的自动化。这些技术可以有效降低工人的职业暴露风险。

② 加强职业健康监测和管理。建立更全面的健康监测计划，定期进行生物监测，并利用大数据分析技术识别潜在健康风险趋势，从而采取相应的预防和控制措施。

③ 强化员工培训。提高安全意识和操作技能，尤其是对于高风险操作，采用虚拟现实（VR）技术模拟复杂的操作场景，以提高培训的有效性和实际应对能力。

④ 推动行业标准的制定和更新。随着新技术和新产品的不断涌现，推动制定新的暴露限值标准或开发新的职业健康风险评估方法，以确保制药企业在创新过程中能够更好地保障员工的健康。

1.1.2.3 全球供应链的 EHS 管理

随着制药行业全球化程度的不断提高，供应链的 EHS 管理成为一个日益突出的挑战。这个挑战主要体现在以下几个方面：

① 供应商 EHS 表现的差异。全球供应商的 EHS 管理水平存在较大差异，尤其是在新兴市场中，某些原料药供应商可能缺乏先进的环境管理设施或完善的职业健康体系，这会带来供应链中的潜在 EHS 风险。为了应对这一挑战，一些跨国制药公司开始实施全球统一的供应商 EHS 审核标准，并提供技术支持帮助供应商提升其 EHS 管理水平。此外，定期的审查和评估，以及合作伙伴的能力建设，也是确保供应链 EHS 合规性的有效方式。

② 复杂的法规环境。不同国家和地区的 EHS 法规要求可能存在显著差异。例如，欧盟的 REACH 法规对化学品的管理要求比许多其他地区更为严格。这要求企业建立一个能够适应不同法规环境的全球 EHS 管理体系。在实际操作中，一些制药公司采用最严格的标准

作为全球统一标准，尽管这可能会增加在某些地区的运营成本，但能够在全球范围内统一 EHS 管理规范，减少合规风险。

③ 供应链透明度。确保整个供应链的 EHS 透明度是一个重大的挑战。追踪原材料的来源，确保其符合环境和社会责任标准至关重要。例如，某些制药公司已经开始探索使用区块链技术来提高供应链的透明度和可追溯性。区块链技术能够记录和存储原料药生产、运输过程中的关键 EHS 数据，从而保证数据的真实性和完整性，帮助企业更好地掌握供应链中的 EHS 情况。此外，供应链的透明度也包括对于供应商的定期评估以及与其建立紧密的合作关系，以共同推动 EHS 目标的实现。

④ 应对全球性危机。近年来，地缘政治冲突以及自然灾害等全球性事件凸显了全球供应链的脆弱性。这要求企业建立更加灵活和有韧性的供应链管理体系。特别是在 EHS 管理方面，企业需要制定预警机制，及时识别和应对潜在的 EHS 风险。例如，供应链中断可能导致某些环节的 EHS 标准难以维持，进而影响产品质量和安全。在这种情况下，企业需要根据危机事件的特点迅速调整供应链策略，确保供应链的稳定性和合规性，并持续优化其 EHS 风险管理体系。

为了有效管理全球供应链的 EHS 风险，制药企业可以采取的策略如表 1-1 所示。

表 1-1　全球供应链的 EHS 管理领域的企业应对策略与措施

策略	具体措施	预期效果	所需资源
建立全面的供应商 EHS 评估和管理体系	定期审核，绩效评估，持续改进计划	降低供应链 EHS 风险，提高供应商 EHS 表现，增强整体供应链稳定性	EHS 专业人员，评估工具和软件，培训资源
加强与供应商的合作	提供必要的培训，提供技术支持，帮助供应商提升 EHS 管理能力	提高供应商 EHS 意识和能力，建立更紧密的合作关系，降低供应链断裂风险	培训材料和讲师，技术支持团队，合作项目资金
利用信息技术提高供应链透明度和可追溯性	建立统一的 EHS 数据管理平台	实时监控供应链 EHS 状况，提高决策效率，快速识别和应对风险	信息技术（IT）基础设施，数据分析软件，数据管理专家
制定灵活的供应链战略	多元化采购，本地化生产，增强供应链韧性	减少对单一供应商的依赖，降低地缘政治风险，提高供应链应对突发事件的能力	市场调研资源，供应链管理专家，新供应商开发资金
积极参与行业合作	参与制定行业标准，建立行业联盟，推动供应链的可持续发展	影响行业发展方向，分享最佳实践，共同应对全球性 EHS 挑战	行业关系管理人员，参与行业活动的时间和资金，研究和开发资源

1.1.2.4　数字化转型与 EHS 管理

数字技术的快速发展为制药行业的 EHS 管理带来了新的机遇和挑战。如何有效利用数字技术提升 EHS 管理水平，同时应对数字化转型过程中可能出现的新风险，已成为制药企业面临的重要课题。以下是一些主要挑战：

① 数据的整合与分析。制药企业通常拥有大量的 EHS 相关数据，这些数据涉及环境监测、职业健康检查、安全事故报告等方面，然而，这些数据往往分散存储在不同的系统中，难以有效整合和分析。例如，环境监测数据可能存储在一个系统中，而员工健康数据在另一个系统中。这种信息孤岛的存在阻碍了全面的 EHS 分析。为了克服这一挑战，企业需要开

发或采用集成的EHS管理平台，将各类数据整合到一个统一的平台上，并利用大数据分析技术来识别潜在风险、优化管理措施，提高决策的精准性。

② 网络安全风险。随着EHS管理系统的数字化和网络化，网络安全问题逐渐成为企业需要关注的重大隐患。例如，环境监测系统或安全控制系统如果遭遇黑客攻击，可能会导致严重的安全事故或环境污染。因此，企业在推进数字化转型时，必须将网络安全纳入整体战略，采用最新的安全防护措施，确保关键数据和系统的安全性。此外，还需要加强对员工的网络安全培训，提升整个组织的安全防范意识。

③ 新技术应用的安全性评估。新兴技术如人工智能（AI）、物联网（IoT）、增强现实（AR）等在EHS管理中的应用，虽然可以提升管理效率和响应速度，但也可能带来新的安全风险。例如，使用协作机器人来进行高危作业可能引入新的职业安全风险，物联网设备的使用可能使企业的EHS数据暴露于网络攻击的风险中。因此，企业在引入这些新技术时，必须开展详细的安全性评估，制定相应的风险控制措施，确保这些技术的使用不会引发新的安全问题。

④ 数字技能差距。数字化转型不仅涉及技术和设备的更新换代，还要求EHS管理人员具备新的技能，如数据分析、信息系统管理等。然而，目前一些EHS从业人员仍缺乏足够的数字化技能，难以适应新的工作要求。为了弥补这一技能差距，企业需要加大对员工的培训力度，提升其在数据分析、数字化工具使用等方面的能力。同时，企业还可以通过引进外部专业人才或与学术机构合作，为员工提供更高水平的数字技能培训，促进企业整体数字化水平的提升。

为了应对这些挑战，制药企业可以采取的措施如表1-2所示。

表1-2 数字化转型与EHS管理领域企业面临的挑战与应对措施

挑战领域	应对措施	具体实施方法
数据管理	建立统一的EHS数据管理平台	整合各类EHS数据，利用人工智能和机器学习技术进行深度分析，实现预测性维护和风险预警
网络安全	加强网络安全管理	定期进行安全评估，开展员工培训，建立应急响应机制
新技术引入	进行全面的风险评估	制定相应的管理措施，使用虚拟仿真技术评估潜在安全风险（如协作机器人）
人才培养	投资员工培训和引进人才	提升员工数字技能，与技术公司合作，引入专业的数字化人才
行业合作	积极参与行业交流	分享数字化转型经验，交流最佳实践

数字化转型为制药行业的EHS管理带来了诸多机遇，但同时也引发了新的挑战。制药企业在推进数字化转型过程中，必须关注数据整合、网络安全、技术安全评估及人才培养等方面，确保在提升管理效率和精度的同时，能够有效应对新的风险和挑战。

1.2 全球制药行业EHS发展趋势分析

随着全球经济、技术和社会环境的不断变化，制药行业的EHS管理也在持续演进。本节将分析全球制药行业 EHS 管理的主要发展趋势，为企业制定长期 EHS 战略提供参考。

1.2.1　可持续发展战略的深化

可持续发展已成为全球共识，制药行业作为与人类健康和环境密切相关的行业，正在更深入地将可持续发展理念融入 EHS 管理。

1.2.1.1　从合规到价值创造

传统的 EHS 管理主要关注合规性，但未来的趋势是将 EHS 管理视为创造价值的手段。这种转变体现在以下几个方面：

① 品牌价值提升。优秀的 EHS 表现可以提升企业形象，增强品牌价值。丹麦诺和诺德公司在可持续发展方面表现卓越，连续 10 年在道琼斯可持续发展指数中位列医疗保健设备和服务行业前茅，并于 2022 年和 2023 年获得了标普全球 ESG 评分最高分。公司通过“循环零污染（Circular for Zero）”环境战略、“战胜糖尿病（Defeat Diabetes）”全球健康计划等具体行动，展现了在环境保护和社会责任方面的坚定承诺。这些可持续发展成就不仅提升了公司的社会声誉，还增强了投资者的信心，使其成为 ESG 投资的标杆企业。2023 年，公司被纳入彭博性别平等指数，凸显其在多元化和包容性方面的领先地位。这些认可不仅反映了公司在可持续发展方面的长期投入，也为其赢得了更广泛的市场认可和利益相关者支持。

② 创新驱动。EHS 挑战可以成为推动创新的动力。例如，为了减少抗生素在环境中的残留，一些公司开始研发新型的靶向抗生素，这不仅有助于减少环境污染，也可能带来新的市场机会，助推公司技术的进步与市场的拓展。

③ 运营效率提升。通过优化 EHS 管理，企业可以在生产过程中提高资源利用效率，降低运营成本。例如，辉瑞公司通过实施全面的能源管理计划，致力于提高能源效率和减少环境影响。根据辉瑞公司的可持续发展报告，公司设定了到 2025 年将温室气体排放减少 30%（以 2019 年为基准）的目标，并通过各种节能措施、可再生能源使用等方式持续改善能源效率。这些举措不仅带来了显著的环境效益，也实现了运营成本的优化。

1.2.1.2　科学碳目标的广泛采纳

随着气候变化问题的日益严峻，越来越多的制药企业开始采纳科学碳目标（science based targets，SBTs）来指导其温室气体减排工作。

① 目标设定。科学碳目标要求企业根据最新气候科学设定与《巴黎协定》相一致的减排目标。例如，葛兰素史克（GSK）承诺到 2030 年实现全价值链的碳中和，到 2045 年实现净零排放。通过设定这一科学碳目标，GSK 不仅展示了其对全球气候行动的承诺，还推动了整个行业的减排步伐。

② 范围扩展。碳管理的范围不再局限于企业自身的运营，还扩展到整个供应链的碳排放管理。企业越来越重视上游供应商和下游产品使用阶段的排放问题。例如，诺华公司要求其主要供应商也设定科学碳目标，以推动整个价值链的减排，这一举措进一步促进了行业的绿色转型。

③ 创新解决方案。制药企业正在积极探索创新的解决方案。例如，强生公司承诺到 2025 年实现 100%可再生电力使用，并在其全球运营中推广清洁能源项目；诺和诺德通过

"Circular for Zero" 环境战略，致力于在生产过程中实现零环境影响。制药企业普遍采取多层面的减排行动，包括：优化药物研发和生产工艺、提升能源使用效率、发展绿色供应链、采用环保包装材料等。这些举措既支持了行业的可持续发展目标，也推动了生产效率的提升。

1.2.1.3 循环经济理念的应用

循环经济理念正在被越来越多的制药企业采纳，这不仅有助于减少废弃物产生，也能提高资源利用效率。具体实践包括：

① 包装创新。减少包装材料使用，提升包装的可回收性，已成为制药企业推动循环经济的一项重要举措。例如，有公司开发了新型的药品包装盒，使用100%可回收材料，并减少了15%的材料使用量。

② 废弃物管理。制药企业正在逐步从"废物处理"转向"废物资源化利用"，以提高资源利用效率。例如，某些制药企业开始探索将发酵废弃物转化为有机肥料或动物饲料添加剂，从而实现废弃物的再利用，减轻环境负担。

③ 水资源管理。制药企业在水资源管理方面也采取了积极措施，尤其是在水的回收利用方面。例如，一些制药企业已经在生产基地实现了近100%的工业用水回收利用，这不仅减少了水资源的消耗，还降低了企业的运营成本，推动了企业在水资源管理上的可持续发展。

1.2.2 数字化和智能化转型

数字技术的快速发展正在深刻改变制药行业的EHS管理模式。未来，EHS管理将越来越依赖智能化和数据驱动的实践，以提高效率和准确性，减少风险。

1.2.2.1 物联网和实时监测

物联网（IoT）技术的应用将使EHS监测更加实时、精准，并提供更有效的风险预警。具体应用包括：

① 环境参数实时监测。通过部署智能传感器网络，企业能够实时监控空气质量、水质、噪声等环境参数。例如，一些公司实施基于IoT的环境监测系统，能够实时监测并分析多种环境参数，从而确保符合环境法规要求并降低环境风险。

② 职业健康动态监测。可穿戴设备使得员工的生理指标和工作环境的监测成为可能。例如，某些公司使用智能手环来实时监测高风险岗位员工的心率、血氧等生理指标，并监测其工作环境中的有害物质浓度。通过数据的即时反馈，可以更早地识别潜在的健康风险。

③ 设备状态监测。通过传感器对关键设备进行实时监控，能够有效预防设备故障导致的EHS事故。例如，使用振动传感器和温度传感器监测反应釜的状态，及时发现异常，确保设备运行的安全性和可靠性。

1.2.2.2 大数据分析和人工智能

大数据和人工智能技术能够为EHS管理提供更加深入的洞察和预测能力，帮助企业提前识别风险并采取有效的预防措施。具体应用包括：

① 预测性维护。机器学习算法可以分析设备的运行数据，从中预测可能的故障，从而提前进行维修，避免设备故障引发 EHS 事故。例如，某制药公司通过 AI 分析压缩机的运行数据，成功预测并预防了多起设备故障，降低了事故风险。

② 风险预测。通过分析历史数据和实时数据，企业能够预测潜在的 EHS 风险。例如，利用机器学习模型分析事故历史数据、天气数据、生产数据等，可以预测高风险的时段和区域，提前进行风险控制和预警。

③ 个性化培训。AI 系统能够根据员工的工作特点和历史表现，为其推荐个性化的 EHS 培训内容。这种个性化的培训能够提高培训的针对性和有效性，使员工能够在特定的工作环境中获得更加精准的安全技能。

1.2.2.3　虚拟现实和增强现实

虚拟现实（VR）和增强现实（AR）技术将为 EHS 培训、操作指导和远程支持提供新的解决方案，特别是在处理高危或复杂任务时。主要应用包括：

① 沉浸式安全培训。利用 VR 技术，企业能够创建模拟高危场景的虚拟环境，让员工在安全的虚拟环境中体验并学习如何应对各种紧急情况。例如，模拟化学品泄漏或火灾等事故场景的应急处理过程，帮助员工在无风险的条件下熟练掌握应急响应技能。

② AR 辅助操作。增强现实技术能够为操作人员提供实时的视觉指导，减少操作错误。例如，维修复杂设备时，操作员可以通过佩戴 AR 眼镜，看到每个维修步骤的详细指导，从而提高工作效率并减少人为失误。

③ 远程专家支持。通过 AR 技术，企业能够实现远程专家实时指导，尤其在处理复杂或高风险情况时，全球化运营的背景下，这种技术具有重要价值。无论操作人员身处何地，都可以通过 AR 眼镜等设备实时与全球专家进行沟通，快速解决问题。

1.2.3　全面风险管理

随着制药行业环境的变化和科技的进步，EHS 管理将更加注重全面的风险管理。企业将 EHS 风险与其他业务风险整合，形成更加综合和系统的管理框架，确保在全方位降低风险的同时实现可持续发展。

1.2.3.1　整合风险管理框架

EHS 风险不应单独管理，而应作为企业整体风险管理框架的一部分。通过整合，可以更全面地识别和管理风险，确保各个层面的风险得到系统化的控制。主要包括：

① 战略层面整合。在制定企业战略时，EHS 风险应作为关键因素之一。例如，在选择新生产基地时，除了考虑经济效益，还应评估该地区的环境风险、职业健康风险和法律法规的合规要求，确保在全球扩展中，EHS 风险得到有效管控。

② 运营层面整合。EHS 风险管理应与日常运营决策紧密结合。例如，在制定生产计划时，企业不仅考虑产能利用、生产成本控制，还应将 EHS 风险纳入考量，确保生产过程中的安全与环保得到有效保障。

③ 财务影响量化。建立精确的模型来量化 EHS 风险的潜在财务影响，包括可能的罚

款、诉讼成本、品牌声誉损失等。这种量化分析有助于管理层制定更为科学的决策，评估不同风险情境下的财务风险，为战略决策提供依据。

1.2.3.2 供应链风险管理

随着全球化进程的加深和供应链的日益复杂，供应链中的 EHS 风险管理将变得至关重要。主要应对策略包括：

① 供应商 EHS 评估。建立全面且动态的供应商 EHS 评估体系，通过大数据技术实时监控和分析供应商的 EHS 表现。例如，分析供应商所在地区的环境风险、劳工法规遵守情况以及社会责任表现等，从而确保供应链中每个环节的 EHS 标准符合企业的要求。

② 合作共赢。与关键供应商建立深度合作关系，共同提升 EHS 管理水平。一些领先的制药公司通过为供应商提供 EHS 管理培训和技术支持，帮助其提升环境保护与员工安全的管理水平，确保整个供应链的 EHS 风险得到有效管控。

③ 多元化策略。通过多元化供应链来分散 EHS 风险。例如，企业可以在不同的地理位置选择多个供应商，这样能够降低单一地区的环境政策变化、自然灾害或社会政治动荡对供应链的影响。

1.2.3.3 新兴风险管理

随着科技的不断进步和社会变革的加速，制药行业面临许多新兴的 EHS 风险。企业需要提前识别这些新兴风险，并采取前瞻性管理措施。主要包括：

① 生物安全风险。随着基因编辑、细胞治疗等新兴生物技术的发展，生物安全风险管理将变得愈发重要。例如，在基因修饰生物的研发和应用过程中，需要建立更加严格的实验室生物安全管理体系，以防止基因改造生物的意外释放和潜在的生态风险。

② 气候变化适应性。除了采取措施减缓气候变化，企业还需提升其对气候变化影响的适应能力。例如，企业可以评估极端天气事件对生产设施的潜在影响，并制定应急响应和恢复措施，确保生产活动不受气候变化的负面影响。

③ 网络安全风险。随着数字化进程的加快，EHS 管理系统的数字化和自动化程度提高，带来了网络安全风险。例如，企业需要特别关注环境监测系统、员工健康监测系统等关键设施的网络安全，防止黑客攻击、数据泄露或系统故障等带来的安全隐患。

通过关注这些发展趋势和新兴风险，制药企业能够不断提升 EHS 管理水平，不仅能有效保护环境和员工健康，还能降低企业在各类风险中的暴露度，增强企业的韧性与可持续竞争力。

1.3 新兴技术对制药行业 EHS 的影响

随着科技的快速发展，许多新兴技术正在改变制药行业的面貌，同时也对 EHS 管理带来了深远的影响。本节将探讨几种关键新兴技术对制药行业 EHS 的影响，包括机会和挑战。

1.3.1　人工智能和机器学习

人工智能（AI）和机器学习（ML）技术为制药行业的 EHS 管理带来革命性的变化。通过自动化和智能化的手段，这些技术不仅提高了效率，还能提供更精准的决策支持，帮助企业降低风险和优化管理。具体体现在以下几个方面。

1.3.1.1　预测性分析和风险评估

AI 和 ML 通过对历史数据和实时数据的深入分析，能够提供更准确的风险预测和评估，进而提升 EHS 管理的预防能力。

① 事故预防。AI 系统能够分析历史事故数据、设备运行数据、环境参数等，识别潜在的安全隐患。例如，某制药公司通过机器学习算法分析过去十年的安全事故数据，成功识别出高风险操作环节，并提前采取针对性预防措施，从而显著降低了事故发生率。

② 环境影响评估。AI 和机器学习可以模拟药物生产过程对环境的潜在影响，帮助企业在产品设计初期做出优化。例如，通过机器学习模型预测新型药物在环境中的降解路径和生态毒性，从而在研发阶段就能优化药物设计，降低对环境的负面影响。

③ 职业健康风险评估。AI 系统能够分析员工健康数据、工作环境数据等，提前识别潜在的职业健康风险。例如，某公司利用 AI 分析员工健康检查数据和工作岗位信息，发现某些岗位与特定健康问题之间存在潜在关联，及时调整了工作安排和健康保障措施。

1.3.1.2　智能自动化和决策支持

AI 和 ML 技术使 EHS 管理的自动化水平大幅提升，同时为决策提供了更加精准的支持。

① 智能监控系统。AI 技术，特别是计算机视觉和深度学习的应用，能够实时监控生产过程并自动检测异常。比如，AI 驱动的视频分析系统能够对员工的安全行为进行监控，自动识别未佩戴防护设备或其他违规行为，并及时警告，确保工作环境的安全。

② 智能文档管理。借助自然语言处理技术，AI 可以自动分析和分类 EHS 相关的文档，提升文档管理的效率。比如，AI 可以自动识别并更新安全数据表（SDS）中的关键信息，确保相关人员始终获取最新的安全数据，减少人为疏漏。

③ 决策支持系统。基于大数据分析和机器学习，AI 系统能够为 EHS 管理决策提供科学的建议。例如，在化学品泄漏等紧急情况下，AI 系统能够快速处理实时数据，结合历史经验，自动提供最佳应对方案，帮助企业及时有效地应对突发事件。

1.3.1.3　挑战与注意事项

尽管 AI 和 ML 技术为 EHS 管理带来了诸多优势，但在实际应用中仍然面临一些挑战。以下是主要问题及其可能的解决方案：

① 数据质量和隐私。AI 系统的效果往往依赖于数据的质量和数量。确保数据准确、完整，并遵循隐私保护要求是应用 AI 技术时的一大挑战。为解决这一问题，许多企业开始采用差分隐私技术，这能在不泄露用户隐私的情况下，充分利用数据进行分析。

② 算法偏差。如果训练数据存在偏差，AI 系统的输出可能会受到影响。例如，若历史数据主要来自某些特定类型的工厂，基于这些数据训练出的模型可能无法适应其他类型的工厂。为了减少算法偏差，企业应确保数据来源的多样性，并定期对模型进行更新和校准。

③ 解释性和责任认定。某些复杂的 AI 模型可能难以解释其决策过程，这在涉及法律责任的 EHS 决策中可能带来挑战。为了解决这一问题，许多行业正在推动“可解释的 AI”技术，使模型的决策过程更加透明，从而提升其在法律和道德层面的可接受性。

④ 技能差距。AI 和 ML 的有效应用需要相关技术背景的人才，而这些专业人才在传统 EHS 团队中较为匮乏。为了解决技能差距问题，企业可以通过培训现有员工，或与高校、研究机构合作，提升团队的技术水平。

1.3.2 物联网和边缘计算

物联网（IoT）技术和边缘计算在 EHS 管理中的应用，为数据收集、处理和实时响应提供全新的解决方案。这些技术不仅提升了数据处理的效率，还加强了决策的及时性和准确性，推动了 EHS 管理的数字化和智能化。

1.3.2.1 实时监测和预警

物联网设备能够在生产和工作场所进行持续的实时监测，为 EHS 管理提供精准的数据支持，及时发现潜在问题并进行预警。

① 环境参数监测。通过部署传感器，IoT 设备可以实时监测空气质量、水质、噪声等环境参数。例如，某制药公司在其废水处理系统中部署了 IoT 传感器网络，能够实时监测 pH 值、化学需氧量（COD）、氨氮等水质指标，并实现自动调节。这样不仅保障了生产过程的环境合规性，还提高了处理效率。

② 个人防护设备（PPE）监测。IoT 技术能够在个人防护设备（PPE）上安装传感器，实时监控设备的使用情况及有效性。例如，智能安全帽可以通过内置传感器检测佩戴状态、遭受撞击情况，并在发生事故时立即发出警报，确保员工安全。

③ 危险区域监控。在高风险区域，IoT 设备能够实时监控并及时发现潜在的危险。例如，在易燃易爆区域部署气体检测器，能在发生气体泄漏时立刻报警，启用紧急响应措施，避免灾难性后果的发生。

1.3.2.2 边缘计算与实时响应

边缘计算技术通过在数据源附近进行数据处理，大幅度减少了数据传输的延迟，提高了响应速度，从而进一步增强了 EHS 管理系统的实时性和可靠性。

① 快速决策。在危险情况下，边缘计算设备可以在现场直接做出响应，无须依赖中央服务器进行数据传输。例如，在检测到有害气体泄漏时，边缘设备可以立即启动紧急通风系统或报警系统，从而在最短时间内采取必要的应对措施，减少事故损失。

② 数据预处理。边缘计算设备可以在数据采集阶段进行初步的处理和过滤，减少大量原始数据传输到中心系统的需求。这对于环境监测等需要实时响应的应用尤为重要，能够有

效降低网络传输负担，提升数据处理效率。

③ 离线操作。即使在网络连接中断的情况下，边缘设备依然能够继续执行基本的监测和控制任务，从而确保系统的稳定性和可靠性。例如，在偏远地区或网络不稳定的区域，边缘设备依然能够对生产环境进行监控，保证生产安全。

1.3.2.3　挑战与注意事项

尽管 IoT 和边缘计算为 EHS 管理带来了众多好处，但在实际应用过程中，仍然面临一些挑战和问题。

① 安全性问题。随着 IoT 设备的大规模应用，网络攻击的潜在风险显著增加。必须加强 IoT 设备的安全防护，采取加密、身份认证等技术手段，确保设备和数据的安全。

② 标准化问题。由于不同厂商生产的 IoT 设备采用不同的通信协议，设备间的互操作性较差。为了解决这一问题，需要制定统一的行业标准，确保不同设备之间能够有效兼容和协同工作。

③ 能源管理。大量分布式的 IoT 设备可能面临能源供应的问题，特别是在一些远离电力网络的区域。为此，企业可以考虑采用低功耗设备或使用太阳能等新型能源解决方案，以延长设备的使用寿命，确保系统的稳定性。

④ 数据管理。IoT 设备产生的海量数据需要高效的存储和管理策略。如何对这些数据进行存储、处理和分析，成为 IoT 系统应用的关键问题之一。企业应考虑采用云存储、大数据处理平台等技术，提升数据管理能力，确保数据的可用性和准确性。

1.3.3　增强现实和虚拟现实

增强现实（AR）和虚拟现实（VR）技术为 EHS 管理中的培训和操作提供创新解决方案。这些技术能够创建安全、沉浸式的学习环境，提高员工的培训效果和实际操作能力，进而增强工作场所的安全性和效率。

1.3.3.1　沉浸式安全培训

虚拟现实技术通过创建高度逼真的模拟环境，为 EHS 培训提供了一个既安全又有效的学习平台。

① 危险情景模拟。VR 技术能够模拟多种危险场景，如化学品泄漏、火灾等，员工可以在虚拟环境中体验并学习应对措施。例如，某制药公司开发了一个 VR 培训模块，模拟实验室发生火灾的情景，训练员工正确使用灭火器及疏散程序，提高其应急反应能力。

② 设备操作培训。复杂或高风险设备的操作通过 VR 技术得以模拟，减少了员工在实际操作过程中可能遇到的风险。例如，某制药企业利用 VR 系统对员工进行高压反应釜操作培训，使员工可以在不影响生产的情况下进行反复练习，确保操作的精准性与安全性。

③ 应急响应演练。通过 VR 技术进行大规模的应急响应演练，员工可以在模拟的复杂情况下协同工作，提高团队应急响应能力。这种训练方式不需要动用大量实际资源，且能在短时间内模拟多种应急场景，提升员工的应急处置水平。

1.3.3.2 AR 辅助操作和维护

增强现实技术为操作人员提供实时的视觉指导，帮助提升操作的安全性和效率。

① 步骤指导。AR 技术可以为操作人员提供详细的操作步骤指导，确保操作精确、规范。例如，在进行复杂设备维护时，AR 设备能够通过实时显示 3D 图示和步骤说明，指引员工完成每个操作环节，从而减少人为失误。

② 实时数据可视化。AR 技术可以将实时数据直观地呈现给操作人员，帮助其更好地理解设备状态并做出相应的操作。例如，在管道系统检查中，AR 设备可以实时显示每个管道段的压力、温度等参数，帮助操作人员做出正确判断和调整。

③ 远程专家支持。AR 技术使得远程专家可以实时查看现场操作人员的视角，提供即时指导。这一应用特别适用于处理复杂或罕见的技术问题，远程专家能够提供专业建议，帮助现场操作人员迅速解决难题。

1.3.3.3 挑战与注意事项

尽管 AR 和 VR 技术在 EHS 管理中具有显著的优势，但在实际应用中仍然面临一定的挑战。

① 技术局限性。当前的 AR 和 VR 设备可能存在重量、电池寿命、视野范围等方面的限制，尤其是在长时间使用过程中，这些问题可能影响设备的舒适度和培训效果。为此，企业可以考虑定期对设备进行更新，选用更轻便、续航更强的设备，以确保培训的连续性和舒适性。

② 模拟的真实性。VR 培训环境的真实性至关重要，只有通过逼真的虚拟环境，员工才能有效地将学习经验转化为实际操作能力。为此，企业应选择具备高分辨率、逼真物理效果的 VR 系统，并结合实际工作场景进行定制化设计，确保培训效果最大化。

③ 过度依赖。尽管 AR 和 VR 技术能够提升培训效果，但过度依赖这些系统可能导致操作人员失去对传统技能的掌握。企业应平衡 AR 辅助与传统技能培养，确保员工在虚拟环境中学习的同时，不忽视实际操作经验的积累。

④ 健康影响。长时间使用 VR 设备可能引起眩晕、视觉疲劳等健康问题。为此，企业应制定合理的使用时间限制和休息间隔，并对员工进行使用指导，确保其在舒适和健康的状态下进行培训。

1.3.4 区块链技术

区块链技术以其去中心化、不可篡改和可追溯的特性，为 EHS 管理中的数据完整性、供应链透明度和合规性管理带来了前所未有的可能性。

1.3.4.1 EHS 数据管理

区块链技术为 EHS 数据提供了一个安全、透明、不可篡改的记录系统，增强了数据的可靠性和透明度。

① 数据完整性。区块链的不可篡改特性能够确保关键 EHS 数据（如环境监测数据、事

故记录等）的完整性和可信度。这对符合监管要求、确保数据合规性并应对潜在法律挑战至关重要。例如，某制药公司使用区块链技术记录环境监测数据，确保数据的可靠性，并满足全球范围内的环保法规要求。

② 智能合约。通过智能合约，EHS 相关流程和决策可以自动化。例如，当环境监测数据超过预设阈值时，智能合约会自动触发警报，并执行相应的应急处理流程。这一功能大大提高了 EHS 管理的响应速度和准确性。

③ 审计追踪。区块链能够提供完整的审计追踪记录，每一次数据变更和访问都可以在区块链上留下不可篡改的痕迹。这不仅有助于提高 EHS 管理的透明度，还能够确保审计过程的合规性和可靠性。例如，在事故调查中，区块链提供了详细的操作历史，有助于查明问题的根源。

1.3.4.2　供应链管理

区块链技术能显著提高制药供应链的透明度和可追溯性，有助于有效管理供应链中的 EHS 风险。

① 原材料追溯。利用区块链技术记录原材料的来源、运输和处理过程，确保其符合环境和安全标准。例如，区块链可以追踪活性药物成分（API）的生产和运输过程，确保每一步符合良好生产规范（GMP）和环境标准。这不仅有助于确保药品质量，还能加强对环境和安全的监管。

② 废弃物管理。在药品生产过程中，废弃物的正确处理至关重要。通过区块链，制药企业能够追踪废弃物的产生、处理和运输过程，确保废弃物按照相关法规进行无害化处理，减少环境污染风险。例如，某制药公司使用区块链技术追踪废弃物处理流程，确保符合环保法规。

③ 供应商评估。区块链技术可以记录和共享供应商的 EHS 表现数据，促进更透明和公平的供应商评估系统。通过区块链，企业可以实时获取供应商的环保和安全记录，确保选择符合标准的合作伙伴。这一措施有助于提升供应链的整体合规性和透明度。

1.3.4.3　挑战与注意事项

尽管区块链技术在 EHS 管理中具有广泛的应用潜力，但也面临一些挑战和注意事项。

① 技术复杂性。区块链技术相对复杂，实施过程中可能需要专业技术人员的支持和培训。为了更好地应用区块链技术，企业需投入资源建设专业的技术团队或与区块链服务供应商合作，确保技术部署的顺利进行。

② 能源消耗。某些区块链系统（如使用工作量证明机制的系统）可能消耗大量能源，这与 EHS 管理中的可持续发展目标存在一定冲突。为此，企业可以选择使用能效更高的区块链技术（如权益证明机制）或利用绿色能源来降低碳足迹。

③ 数据隐私。虽然区块链能够提高数据透明度，但如何平衡透明度和数据隐私之间的矛盾仍是一个重要问题。在某些情况下，企业需要确保敏感数据的隐私性，并采取适当的加密技术保护数据安全。企业应在区块链系统中设计合理的数据访问控制和隐私保护措施，以确保合规性。

④ 标准化。区块链技术在不同行业的应用还未完全统一，缺乏统一的行业标准和协议。

为了推动区块链技术的广泛应用，行业内需要达成共识，制定统一的技术标准，以确保各方系统的互操作性和数据交换的兼容性。

通过合理应用区块链技术，制药企业能够在 EHS 管理中提升数据的透明度、可靠性和可追溯性。然而，企业在选择和实施区块链技术时，必须充分考虑其复杂性、能源消耗、数据隐私保护等问题，制定出切实可行的策略。在未来，随着区块链技术的不断发展和成熟，我们有理由期待在制药行业中涌现出更多创新的 EHS 管理实践。

1.3.5 新兴技术的整合应用

虽然我们已经分别探讨了各类新兴技术对制药 EHS（环境、健康、安全）管理的影响，但在实际应用中，这些技术往往是相互结合、协同工作的。技术的整合应用能够释放更大的潜力，为制药行业带来创新的 EHS 解决方案，并显著提升管理效率和安全性。

1.3.5.1 智能工厂概念

智能工厂是新兴技术整合应用的典型案例，尤其在制药行业的 EHS 管理中具有极大的应用潜力。智能工厂通过全面感知、智能分析、可视化管理和区块链技术的融合，能够提供更精确和实时的 EHS 数据支持。

① 全面感知。利用 IoT 传感器网络，实现对生产环境的全面实时监测，包括环境参数（如温度、湿度、污染物浓度）、设备状态和人员活动等。通过这些数据，工厂能够及时发现潜在风险，采取预防措施。

② 智能分析。AI 和机器学习算法能够实时处理和分析大量从 IoT 设备收集的数据。这些分析结果可用于预测性维护、设备故障检测和风险评估。例如，AI 系统能够识别设备异常，提前预警并自动调度维修。

③ 可视化管理。AR/VR 技术可以将分析结果直观地呈现给管理人员和操作人员，帮助他们快速理解复杂数据并做出精准决策。例如，管理人员可以通过 AR 眼镜查看设备实时状态，实时指导操作人员进行高效的操作。

④ 区块链记录。使用区块链技术确保关键数据（如环境监测、设备维护记录等）的完整性和可追溯性，支持合规管理和审计。所有操作记录均可追溯，增强透明度和数据安全性。

案例研究：某制药公司在其新建的生物制药工厂中实施了智能工厂概念。该工厂安装了数百个 IoT 传感器，实时监测生产环境中的各种参数。AI 系统实时分析这些数据并预测潜在风险，操作人员通过 AR 眼镜获取实时指导，所有关键数据均记录在私有区块链上。此技术整合应用显著提升了工厂的安全性和环境表现，事故率降低了 40%，能源效率提高了 25%。

1.3.5.2 数字孪生技术

数字孪生是另一种整合多种新兴技术的概念，特别适用于制药 EHS 管理中。数字孪生技术通过虚拟复制现实世界的工厂、设备或环境，提供了一个精准、实时的模拟平台，能够有效提升安全性和应急响应能力。

① 虚拟模拟。利用 VR 技术创建工厂或实验室高度逼真的虚拟复制品。

② 实时数据。通过 IoT 设备将实际环境的实时数据输入虚拟模型中。

③ 预测分析。使用 AI 算法分析数据，预测潜在问题并模拟不同情景。

④ 可视化决策。管理人员可以在虚拟环境中进行决策实验，评估不同决策的潜在影响。

案例研究：一家跨国制药公司为其主要研发中心创建了数字孪生模型。该模型整合了建筑信息模型（BIM）、IoT 传感器网络和 AI 预测系统，帮助 EHS 团队模拟各种安全和环境事件并测试不同应对策略。此系统不仅提高了事故处理效率，还为新设施的设计和应急响应计划提供了宝贵的参考。

1.3.5.3　挑战与机遇

虽然技术整合为制药 EHS 管理带来了巨大的创新机遇，但也面临一些挑战（表 1-3）。在应用技术时，企业需要应对复杂的系统整合和数据管理问题，同时需要考虑投资回报与人才需求等因素。

表 1-3　新兴技术整合应用的挑战与机遇

类别	挑战	机遇	描述
系统复杂性	多种技术的整合增加了系统复杂性，需投入更多资源进行技术管理和维护	技术整合为 EHS 问题提供创新解决方案，可能创造出突破性方案，特别是在环境监测和风险预测方面	技术整合可能带来更多复杂性，但也能通过新的方式解决问题
数据整合	不同技术产生的数据格式不一致，需要建立有效的数据整合和标准化机制	协同技术能大幅提高 EHS 管理效率，减少人工干预，提高响应速度，降低成本	数据整合的挑战可以通过建立标准化机制得到缓解，提升整体效率
安全风险	系统高度互联增加网络安全风险，数据交换缺乏安全保障时易导致漏洞	新商业模式的出现，如 EHS 管理即服务（EHSaaS），通过云平台为企业提供定制服务	随着安全保障措施的完善，新的商业模式将进一步降低成本并优化管理
投资回报	技术整合需要高额初始投资，企业需要评估潜在回报并进行成本效益分析	行业内可能形成新的标准和最佳实践，推动整体 EHS 管理水平提升	投资回报需要精确评估，但随着行业标准的发展，可带来长期效益
人才需求	跨领域技术整合需要复合型人才，人才短缺可能影响技术整合的推进	—	企业需要加大人才培养与引进力度，适应技术整合的需求

1.4　责任关怀与可持续发展在制药行业的应用

在当今全球化的商业环境中，制药企业不仅需要关注产品的研发和生产，还需要承担更广泛的社会责任。责任关怀（responsible care）和可持续发展（sustainable development）这两个概念已经成为制药行业 EHS 管理的重要组成部分。本节将探讨这两个概念在制药行业的具体应用及重要性。

1.4.1 责任关怀在制药行业的应用

责任关怀是化学工业的一项全球性自愿倡议，旨在持续改善健康、安全和环境表现。虽然最初是针对化学行业，但这一理念已被广泛应用于制药行业。

1.4.1.1 责任关怀的核心原则

在制药行业中，责任关怀主要体现在多个关键领域。首先是产品监管，即确保药品在整个生命周期中的安全性和环境友好性，这不仅包括药物的研发阶段，还涉及生产、流通和使用过程中的各个环节。其次是工艺安全，制药企业采用最佳实践来预防和控制生产过程中可能发生的事故，以保障员工和环境的安全。职业健康与安全则关注保护员工和承包商的健康与安全，确保工作环境符合相关标准，减少职业病和伤害的发生。

在环境方面，环境保护措施强调最小化生产活动对环境的影响，特别是在药品制造过程中，减少污染物的排放和资源的浪费。社区意识和应急响应也是责任关怀的一个重要方面，制药企业需要与社区保持良好沟通，了解并回应社区关切，同时为可能发生的紧急情况做好应急准备。最后，透明度是责任关怀的核心要求之一，制药公司应当公开与 EHS 相关的信息，并保持与利益相关者的有效沟通，以增强社会责任感和信誉。

通过这些综合措施，责任关怀不仅帮助企业管理 EHS 风险，还能提升公司品牌形象和社会责任感。

1.4.1.2 责任关怀在制药行业的具体实践

(1) 绿色化学

案例：某大型制药公司在新药研发过程中采用绿色化学原则，成功将一种畅销药合成过程中的溶剂使用量减少了 80%，大幅降低了环境影响。

(2) 供应链管理

实践：许多制药公司要求供应商遵守责任关怀原则，并进行定期审核。

(3) 社区参与

案例：一家制药企业在其工厂所在地定期举办“开放日”活动，邀请社区居民参观工厂，了解安全和环保措施，增进互信。

(4) 持续改进

实践：建立关键绩效指标（KPI）体系，定期评估 EHS 表现，并制定改进计划。

1.4.2 可持续发展在制药行业的应用

可持续发展强调在满足当代人需求的同时，不损害后代人满足其需求的能力。对制药行业而言，这意味着在追求经济效益的同时，还要考虑环境和社会影响。

1.4.2.1 可持续发展的三大支柱

可持续发展的核心支柱包括经济、环境和社会三个方面。首先，经济可持续性强调确保企业的长期经济增长和盈利能力。企业需要通过有效的战略规划和资源管理，不断提高运营效率和市场竞争力，以实现可持续的盈利增长。其次，环境可持续性着眼于最小化企业对自然环境的负面影响。这要求企业采取绿色生产方式、减少污染物排放、节约能源和水资源，并促进资源的循环利用，从而在实现经济效益的同时保护生态环境。最后，社会可持续性关注企业如何为员工、客户和社区创造价值。企业不仅要为员工提供安全和健康的工作环境，还要积极回馈社会，关注社会福祉和社区发展。这包括通过提供公平的就业机会、支持社会公益事业以及促进健康和教育等方式，来增强社会责任感和企业的长期社会价值。

通过这三方面的协同作用，制药企业能够在推动自身发展的同时，为环境保护和社会进步做出积极贡献。

1.4.2.2　可持续发展在制药行业的具体实践

(1) 可持续的研发策略

案例：某制药公司在研发新药时，不仅考虑药效，还考虑药物在体内的代谢产物对环境的潜在影响，从源头上减少环境污染。

(2) 能源效率和可再生能源

实践：许多制药公司设立了减少碳排放的目标，通过提高能源效率和使用可再生能源来实现。

案例：一家跨国制药公司承诺到 2030 年实现 100% 使用可再生电力，并已在多个国家的工厂安装了太阳能板。

(3) 水资源管理

实践：实施水循环利用系统，减少淡水消耗。

案例：某制药工厂通过改进工艺和引入先进的水处理技术，将单位产品的用水量减少了 40%。

(4) 包装创新

实践：开发更环保的药品包装，减少塑料使用。

案例：一家制药公司推出了可生物降解的药品包装，大大减少了塑料废弃物。

(5) 获取医疗

实践：为发展中国家提供可负担的药品，支持全球健康。

案例：某制药巨头与非政府组织合作，在非洲实施了一项大规模的疟疾预防项目，显著提高了当地儿童的生存率。

1.4.3　责任关怀与可持续发展的协同效应

责任关怀与可持续发展这两个概念在制药行业中相互补充、相互促进，彼此间的协同效应为企业带来了许多积极影响。首先，从整体视角来看，责任关怀为可持续发展提供了具体的操作框架，尤其是在 EHS（环境、健康与安全）管理方面，为企业提供了可执行的标准和措施。可持续发展则为责任关怀提供了更广阔的战略视角，将企业的社会责任扩展至更长远的影响和更全面的社会、环境议题。

在利益相关者参与方面，责任关怀和可持续发展都强调与各利益相关者的沟通和合作，帮助企业建立更好的社会关系。通过与员工、客户、供应商、社区等利益相关者的积极互动，企业不仅能提高社会信誉，还能促进不同群体间的共同成长与发展。

另外，创新驱动是两者共同的核心动力。责任关怀和可持续发展都鼓励企业进行技术创新和管理创新，推动企业寻找更安全、更环保的生产方式和产品。这种创新不仅能有效解决现有的环境和安全挑战，还能为企业带来新的商业机会，提升市场竞争力。

最后，长期价值创造也是责任关怀和可持续发展的重要效应之一。通过实施责任关怀和可持续发展策略，企业能够更好地管理风险，提高运营效率，增强品牌价值，从而实现长期可持续的经济回报和社会认可。这种综合策略使得企业不仅能够追求短期盈利，还能在实现经济增长的同时承担社会责任，为全球可持续发展做出贡献。

1.4.4 挑战与机遇

尽管责任关怀和可持续发展为制药行业带来了诸多益处，但在实施过程中也面临一些挑战。

首先是成本压力，某些可持续发展措施可能需要大量初始投资，这对企业的财务状况可能产生短期内的负担。例如，采用环保技术或进行设施改造可能涉及高昂的成本，短期内难以见到直接的经济回报。其次是技术限制，目前某些环保技术还没有成熟，或者在大规模生产中应用的可行性较低。这使得企业在采用新技术时需要面对技术成熟度和应用可行性的问题。此外，随着全球化的发展，全球化挑战也成为一个不可忽视的问题。在全球供应链中推行统一的责任关怀和可持续发展标准可能会遇到不同地区法律、文化及市场环境差异的制约，企业需要在全球范围内制定符合各地需求的策略。最后，企业还需在平衡多方利益上做出努力。在追求经济效益、环境保护与社会责任之间，需要找到一个合理的平衡点，避免单方面的过度偏重。

然而，这些挑战也带来了相应的机遇。首先是创新动力，面对挑战，企业有动力去寻找创新解决方案，这可能会带来新的商业机会，推动行业的进步。其次是品牌价值，有效的责任关怀和可持续发展策略不仅有助于提升企业形象，还能够增强品牌价值，使企业在市场中更具竞争力。风险管理也是一个重要的机遇。通过前瞻性的 EHS 管理，企业能够更有效地预测和规避潜在的法律与声誉风险，确保在复杂环境中的稳定运营。最后，人才吸引也是责任关怀和可持续发展带来的优势之一。如今，越来越多的年轻一代员工倾向于选择有社会责任感的企业，这为企业吸引并留住高素质人才提供了机会。

1.5 总结

本章系统介绍了制药行业 EHS 管理的特殊性、发展趋势及前沿技术应用。从行业特征出发，分析了当前面临的主要挑战，深入探讨了数字化转型、新兴技术应用以及可持续发展战略的实施路径，为读者构建了制药行业 EHS 管理的整体认知框架。

本章的框架如图 1-1 所示。

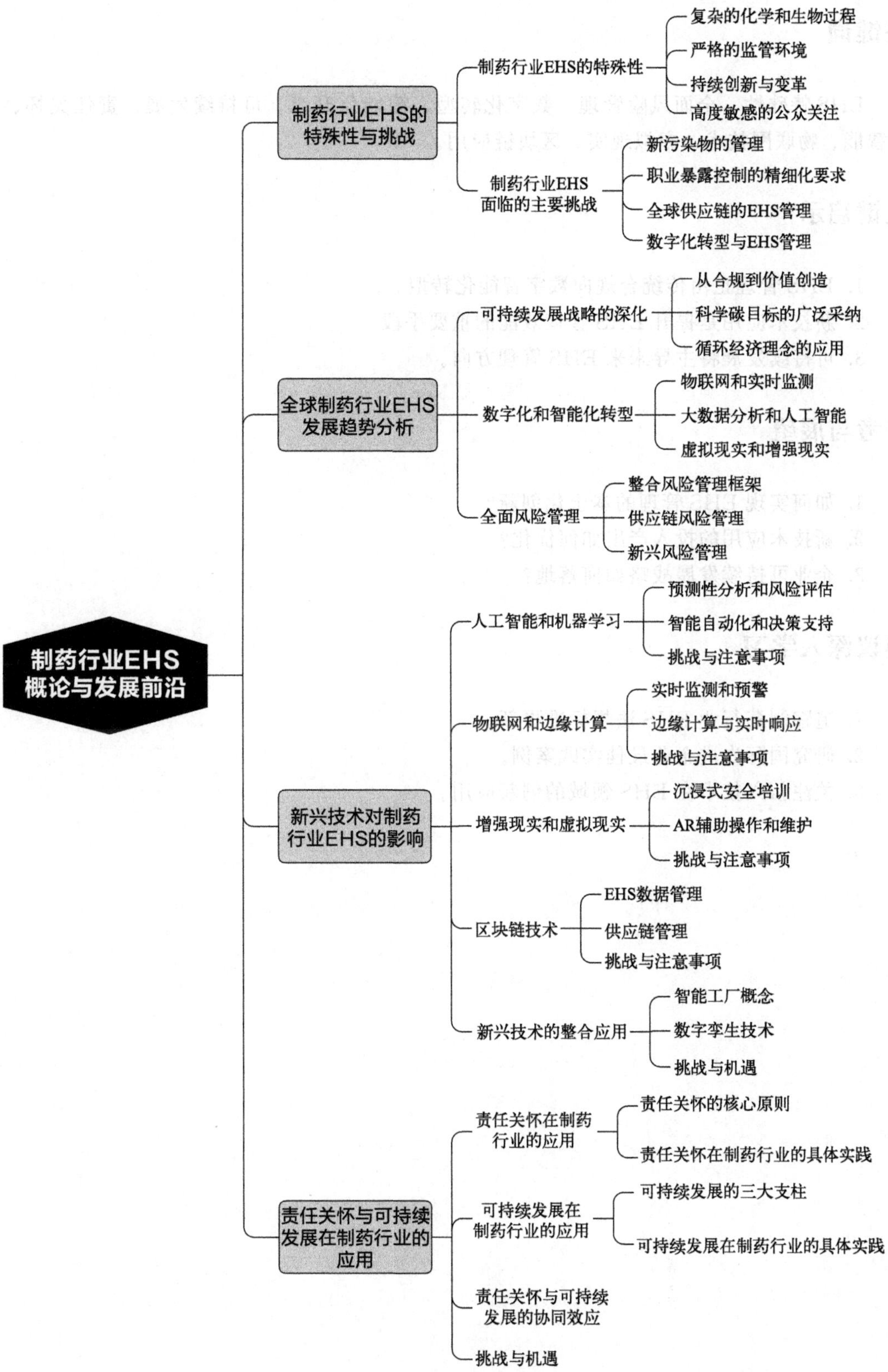
制药行业EHS概论与发展前沿
制药行业EHS的特殊性与挑战
制药行业EHS的特殊性
复杂的化学和生物过程
严格的监管环境
持续创新与变革
高度敏感的公众关注
制药行业EHS面临的主要挑战
新污染物的管理
职业暴露控制的精细化要求
全球供应链的EHS管理
数字化转型与EHS管理
全球制药行业EHS发展趋势分析
可持续发展战略的深化
从合规到价值创造
科学碳目标的广泛采纳
循环经济理念的应用
数字化和智能化转型
物联网和实时监测
大数据分析和人工智能
虚拟现实和增强现实
全面风险管理
整合风险管理框架
供应链风险管理
新兴风险管理
新兴技术对制药行业EHS的影响
人工智能和机器学习
预测性分析和风险评估
智能自动化和决策支持
挑战与注意事项
物联网和边缘计算
实时监测和预警
边缘计算与实时响应
挑战与注意事项
增强现实和虚拟现实
沉浸式安全培训
AR辅助操作和维护
挑战与注意事项
区块链技术
EHS数据管理
供应链管理
挑战与注意事项
新兴技术的整合应用
智能工厂概念
数字孪生技术
挑战与机遇
责任关怀与可持续发展在制药行业的应用
责任关怀在制药行业的应用
责任关怀的核心原则
责任关怀在制药行业的具体实践
可持续发展在制药行业的应用
可持续发展的三大支柱
可持续发展在制药行业的具体实践
责任关怀与可持续发展的协同效应
挑战与机遇

图 1-1　第 1 章内容框架

关键词

EHS特殊性、全面风险管理、数字化转型、智能化升级、可持续发展、责任关怀、人工智能、物联网技术、虚拟现实、区块链应用。

关键启示

1. EHS管理正由传统合规向数字智能化转型。
2. 新技术应用是提升EHS管理效能的重要手段。
3. 可持续发展将主导未来EHS管理方向。

思考与展望

1. 如何实现EHS管理的本土化创新?
2. 新技术应用的投入产出如何优化?
3. 企业可持续发展战略如何落地?

建议深入学习

1. 追踪制药行业EHS法规标准更新。
2. 研究国际先进企业最佳实践案例。
3. 关注新兴技术在EHS领域的创新应用。

第2章

制药行业EHS法规体系与政策分析

在全球化背景下，制药行业的 EHS 法规体系日趋复杂，合规管理已成为企业可持续发展的关键因素。本章将深入探讨制药行业 EHS 法规体系的构成特点、演变规律及实践应用，帮助读者了解如何在这一复杂环境中有效进行合规管理。

随着环保意识的不断提升和安全要求的逐步强化，制药企业正面临越来越严格的法规约束和更高的合规要求。不同国家和地区在 EHS 领域的法律法规具有差异性，理解这些差异并掌握相应的合规管理策略，已成为制药企业 EHS 管理者不可或缺的能力。因此，制药企业需要在全球范围内进行法规合规管理，确保符合各地区的法律要求。

本章将引导读者：

✓ 系统了解国际主要国家和地区的 EHS 法规体系，帮助读者全面把握全球不同地区在 EHS 方面的法规要求和差异。

✓ 把握中国制药行业 EHS 法规的演变历程和发展趋势，为读者提供中国在这一领域的发展脉络及未来的政策导向。

✓ 掌握实用的 EHS 合规管理策略和方法，从实践角度出发，介绍有效的合规管理工具和策略。

✓ 运用科学的方法开展法规影响评估，帮助读者掌握如何评估法规变化对企业的影响，并根据评估结果进行适时调整。

通过本章的学习，读者将建立起对制药行业 EHS 法规体系的全面认知，为实际工作中的法规合规管理提供理论支持和实践指导。

2.1 国际 EHS 法规体系比较研究

在全球化的背景下，制药行业面临着来自不同国家和地区的 EHS 法规要求。本节将对主要国家和地区的 EHS 法规体系进行比较研究，以帮助读者理解不同法规体系的特点、异同及对制药行业的影响。

2.1.1 主要国家和地区 EHS 法规体系概述

2.1.1.1 美国 EHS 法规体系

美国拥有全球最为完善和严格的 EHS 法规体系之一。其特点是多层次、多部门管理，以联邦法律为基础，辅以各州的具体实施细则。主要法律法规包括职业安全与健康法、清洁空气法（CAA）、清洁水法（CWA）和资源保护与回收法（RCRA）等。美国环境保护署（EPA）、职业安全与健康管理局（OSHA）以及食品药品监督管理局（FDA）是主要的监管机构。这些机构通过制定标准、进行检查和执法来确保法规的有效实施。

2.1.1.2 欧盟 EHS 法规体系

欧盟的 EHS 法规体系以指令（directive）和法规（regulation）为主，强调统一市场的标准化要求。成员国需要将欧盟指令转化为本国法律，法规则直接适用于所有成员国。主要法规和指令包括 REACH 法规、CLP 法规（化学物质分类、标签和包装法规）、工作场所安全指令和工业排放指令等。欧洲化学品管理局（ECHA）和欧洲药品管理局（EMA）是重要的监管机构。这种法规体系确保了欧盟内部市场的一致性，同时也为全球 EHS 标准的制定提供了重要参考。

2.1.1.3 中国 EHS 法规体系

中国的 EHS 法规体系正在快速发展和完善中，呈现出全面覆盖、重点突出的特点。主要法律法规包括环境保护法、安全生产法、职业病防治法和药品管理法等。生态环境部、应急管理部、国家药品监督管理局等是主要的监管部门。近年来，中国在 EHS 法规的制定和执行方面取得了显著进展，不仅加强了本土标准的建设，还积极参与国际标准的制定，体现了中国在全球 EHS 治理中日益重要的作用。

2.1.1.4 日本 EHS 法规体系

日本的 EHS 法规体系以预防为主，强调企业自主管理和持续改进。主要法规包括劳动安全卫生法、大气污染防治法、水质污染防治法和化学物质审查及制造管理法等。厚生劳动省、环境省和经济产业省是主要的监管机构。日本的 EHS 管理特点是注重企业的社会责任和自律，同时通过严格的技术标准和管理要求来确保 EHS 目标的实现。

2.1.2 法规体系比较分析

2.1.2.1 法律结构与层级

美国和中国的法规体系呈现出类似的金字塔结构。最高层是国家或联邦法律，其次是部门规章和地方性法规。这种结构有助于在全国范围内制定统一标准，同时也为地方政府根据实际情况进行调整提供了灵活性。欧盟则采用统一的指令和法规，由成员国负责具体实施。此种结构不仅保障了标准的一致性，还尊重了各国的执法自主权。相较之下，日本的法规体系相对集中，以国家法律为主，展现了其中央集权的管理特点。

2.1.2.2　监管重点

各国和地区的 EHS 法规体系在监管重点上有所不同。美国的法规体系注重职业安全、环境保护和化学品管理的平衡，形成了一个全面而严格的监管框架。欧盟则更加注重化学品管理、产品安全和环境保护，REACH 法规便是其典型代表。中国近年来在安全生产、环境保护和职业健康方面不断强化相关法规，体现了对可持续发展的高度重视。日本的 EHS 法规则在职业安全、环境保护和化学品管理方面保持较为均衡的发展。

2.1.2.3　执法机制

美国的执法机制较为严格，违规处罚力度较大，通过高额罚款和刑事责任追究来确保法规得到有效执行。欧盟通过成员国执行统一标准，虽然各国在具体执法方式上有所不同，但整体上保持较高的一致性。中国则在加强执法力度的同时，逐步建立联合惩戒机制，以应对日益复杂的 EHS 挑战。日本则更多强调企业自律和社会监督，依靠企业内部管理和公众参与来实现 EHS 目标。

2.1.2.4　信息公开与公众参与

在信息公开和公众参与方面，美国和欧盟走在前列。两者都建立了完善的信息披露制度和公众听证程序，确保公众能够充分了解 EHS 相关信息，并参与决策过程。中国正在加快建设信息公开机制和公众参与渠道，逐步完善相关制度。日本则主要依赖企业的自愿披露，并通过社区参与来增强 EHS 管理的透明度。

2.1.3　对制药行业的影响

EHS 法规体系的差异对制药行业产生了多方面的影响。

首先，在合规成本方面，不同法规体系下，制药企业面临的合规成本差异较大。一般而言，美国和欧盟的合规成本最高，其次是日本，而中国的合规成本正在快速上升。这种差异直接影响了企业的运营策略和投资决策。较高的合规成本可能迫使一些企业在选择市场或制定生产计划时更加谨慎。

其次，严格的 EHS 法规往往推动制药行业的技术创新。例如，欧盟的 REACH 法规促使企业开发更安全的替代品，避免使用对环境或人体有害的化学物质；美国的排放标准推动了清洁生产技术的应用。这些创新不仅提高了产品和生产过程的安全性，还为企业带来了新的市场机会，尤其是在环保和健康领域的竞争优势。

此外，EHS 法规的差异增加了跨国制药企业全球化运营的复杂性。企业需要建立灵活的 EHS 管理体系，以适应不同地区的法规要求。跨国企业不仅要调整生产过程，还需要在供应链管理上做出适应。例如，欧盟的 REACH 法规要求企业对整个供应链中的化学品进行管理，这直接影响到全球采购策略，尤其是涉及原材料和生产过程中的化学品管理。

最后，不同地区的 EHS 法规差异可能成为市场准入的壁垒。例如，符合欧盟良好生产规范（GMP）要求的制药企业可能更容易进入欧洲市场。企业若想在国际市场上取得成功，必须充分考虑 EHS 法规的影响，确保其生产设施、产品质量和管理体系符合目标市场的标准，从而提高市场准入的可能性。

2.1.4 趋势与展望

随着全球化进程的深入，各国 EHS 法规逐渐呈现出协调与趋同的趋势。例如，全球化学品统一分类和标签制度（GHS）的推广便是这一趋势的典型案例。这种趋同不仅有助于降低跨国企业的合规成本，还能促进国际贸易的发展。企业通过统一的标准能够更容易地适应多个市场的要求，减少法规适用的复杂性。

与此同时，各国法规体系越来越强调基于风险的管理方法，要求企业建立全面的风险评估和管理体系。这种方法能更有效地识别和控制潜在风险，从而提高 EHS 管理的针对性和有效性。企业通过全面的风险管理，能够更好地预防事故的发生，减少损失，并提升长远的合规能力。

随着新技术的应用，EHS 法规的执行方式正在发生变化。大数据分析、物联网技术在环境监测和职业健康管理中的应用，为更精准、更高效的 EHS 管理提供了可能。这不仅要求企业在管理体系上进行调整，还需要企业不断更新自身的技术能力，以适应不断变化的监管要求。

此外，各国正在将《2030 年可持续发展议程》融入 EHS 法规体系，对制药行业提出了更高的社会责任要求。企业不仅要关注传统的 EHS 指标，还需要考虑更广泛的社会和环境影响。例如，如何平衡经济利益与社会责任、如何在生产中减少环境影响等，都是企业未来发展的重要课题。

最后，随着新技术的发展，各国法规体系也在不断更新以应对新兴风险，如纳米材料、生物技术等领域的 EHS 管理。这要求企业保持警惕，及时跟踪法规动态，尤其是在新技术的应用过程中，必须充分考虑 EHS 因素，以确保新技术不会带来不可预见的风险。

综上所述，全球 EHS 法规正朝着更加严格、系统和协调的方向发展。对于制药行业而言，理解这些差异和发展趋势，并建立灵活且有效的 EHS 管理体系，将成为企业实现可持续发展和全球化经营的关键。

2.2 中国制药行业 EHS 法规演变与展望

中国制药行业的 EHS 法规体系经历了从无到有、从简单到复杂的演变过程。随着经济的快速发展和环境健康安全意识的提升，中国的 EHS 法规体系正在不断完善，对制药行业产生了深远的影响。本节将详细探讨中国制药行业 EHS 法规的历史演变、现状分析以及未来发展趋势。

2.2.1 中国制药行业 EHS 法规的历史演变

2.2.1.1 初步建立阶段（1949—1978 年）

中华人民共和国成立初期，制药行业的 EHS 法规尚未形成系统。这一时期主要关注基本的劳动保护和环境卫生问题。1956 年颁布的《工厂安全卫生规程》是早期重要的安全生产法规之一，为制药企业的安全生产提供了初步指导。然而，EHS 管理在制药行业中并未受到足够重视。

2.2.1.2 起步发展阶段（1979—2000 年）

随着改革开放的推进，中国开始系统性地建立 EHS 法规体系。1979 年颁布的《中华人民共和国环境保护法（试行）》标志着现代环境保护法律体系的开端。1982 年《中华人民共和国海洋环境保护法》的出台进一步完善了环境保护法律框架。1989 年，《中华人民共和国环境保护法》（以下简称《环境保护法》）正式实施，为包括制药行业在内的各行业的环境管理奠定了基础。

在职业健康安全方面，1987 年颁布的《职业病范围和职业病患者处理办法的规定》直接影响了制药企业的职业健康管理。1992 年颁布的《中华人民共和国矿山安全法》虽然主要针对矿山行业，但其中的许多原则也适用于制药行业的安全生产。这一阶段，EHS 法规体系初步建立，但针对制药行业的专门规定仍然有限。

2.2.1.3 快速发展阶段（2001—2015 年）

进入 21 世纪后，中国的 EHS 法规体系进入快速发展期。2002 年《中华人民共和国安全生产法》（以下简称《安全生产法》）的颁布是一个重要里程碑，它为各行业包括制药行业的安全生产管理提供了全面的法律依据。2011 年第一次修正的《中华人民共和国职业病防治法》（以下简称《职业病防治法》）进一步强化了对职业健康的保护。

在环境保护方面，2008 年《中华人民共和国水污染防治法》的修订和 2012 年《中华人民共和国清洁生产促进法》的实施对制药行业的废水处理和清洁生产提出了更高要求。2014 年《环境保护法》的修订则标志着中国环境保护进入新阶段，对制药企业的环境责任提出了更严格的要求。

这一阶段，针对制药行业的专门规定也开始增多。例如，2010 年药品 GMP 认证中增加了环境保护的相关要求，将 EHS 管理与药品质量管理更紧密地结合起来。

2.2.1.4 全面深化阶段（2016 年至今）

近年来，中国的 EHS 法规体系进入全面深化阶段。2016 年《土壤污染防治行动计划》的发布，2018 年《中华人民共和国土壤污染防治法》的实施，都对制药企业的土壤污染防治提出了明确要求。2019 年修订的《中华人民共和国药品管理法》（以下简称《药品管理法》）进一步强化了药品全生命周期的质量管理，其中包含了更严格的 EHS 要求。

2021 年《安全生产法》的修正加大了对安全生产违法行为的处罚力度，对制药企业的安全管理提出了更高要求。同年，《“十四五”医药工业发展规划》明确提出要推动制药行业绿色低碳发展，这标志着 EHS 管理已成为制药行业发展的核心议题之一。

2.2.2 中国制药行业 EHS 法规现状分析

2.2.2.1 法规体系框架

目前，中国制药行业的 EHS 法规体系已经形成了以《环境保护法》、《安全生产法》、《职业病防治法》和《药品管理法》为核心，涵盖环境保护、安全生产、职业健康和药品质量等多个方面的综合性法律框架。这个框架还包括众多的行政法规、部门规章和地方性法规，形成了多层次、全方位的监管体系。

2.2.2.2 监管重点

环境保护方面，重点关注制药企业的废水、废气、固体废物处理以及能源消耗。《排污许可管理条例》的实施强化了对制药企业排污行为的监管。安全生产方面，重点关注危险化学品管理、火灾爆炸防控等高风险领域。职业健康方面，则重点关注有毒有害物质的接触防护、职业病防治等问题。

2.2.2.3 执法机制

近年来，中国不断加强 EHS 法规的执法力度。环保督察、安全生产大检查等专项行动的常态化，以及联合惩戒机制的建立，大大提高了违法成本。同时，信息公开和公众参与机制的完善，也增强了社会监督的作用。

2.2.2.4 行业特殊要求

针对制药行业的特殊性，一些专门的规定也在不断出台。例如，《药品生产质量管理规范（2010 年修订）》中明确要求制药企业应当建立环境保护管理制度，这将 EHS 管理与 GMP 认证紧密结合。《化学合成类制药工业水污染物排放标准》等行业标准的实施，则针对性地解决了制药行业的特殊环境问题。

2.2.3 中国制药行业 EHS 法规未来发展趋势

2.2.3.1 法规体系进一步完善

未来，中国制药行业的 EHS 法规体系将进一步完善。预计将出台更多针对制药行业特点的专门法规和标准，如制药废水处理、特殊药品生产安全等方面的规定。同时，现有法规也将不断修订完善，以适应新技术、新工艺带来的挑战。

2.2.3.2 监管方式创新

随着大数据、人工智能等技术的发展，EHS 监管方式将更加智能化和精准化。远程监控、实时数据分析等技术的应用，将提高监管效率和精度。同时，信用监管、第三方评估等创新监管方式也将得到更广泛的应用。

2.2.3.3 绿色发展要求提高

在“碳达峰、碳中和”目标的推动下，制药行业的绿色发展要求将进一步提高。预计出台更严格的能耗标准和排放限值，推动制药企业向清洁生产、循环经济方向转型。绿色制药、生物制药等新兴领域的 EHS 管理也将得到更多关注。

2.2.3.4 全生命周期管理加强

未来的 EHS 法规将更加注重药品全生命周期的管理。从原料采购、生产制造到使用处置，每个环节都将纳入 EHS 管理范畴。特别是在药品废弃物管理、抗生素环境影响等方面，将出台更严格的规定。

2.2.3.5　国际协调趋势增强

随着中国制药企业的国际化程度不断提高，EHS 法规的国际协调趋势将更加明显。预计有更多的国际标准被引入国内法规，同时中国也将更多地参与国际 EHS 标准的制定，推动全球制药行业 EHS 管理水平的整体提升。

2.3 EHS 合规管理策略

在日益复杂的法规环境下，制药企业需要制定有效的 EHS 合规管理策略，以确保企业运营符合法规要求，同时提升企业的可持续发展能力。本节将详细探讨制药企业如何建立和实施全面的 EHS 合规管理策略。

2.3.1　建立健全的 EHS 管理体系

2.3.1.1　组织架构与责任分配

建立健全的 EHS 管理体系，首先需要明确组织架构和责任分配。企业应成立专门的 EHS 管理部门，并由高层管理者直接领导，确保 EHS 管理能够得到足够的重视和资源支持。为了确保责任的有效落实，EHS 管理应覆盖企业的各个层级和各个部门。许多大型制药企业采用三级管理模式：在公司层面设立 EHS 管理委员会，负责制定整体策略和目标；在各个生产基地设立 EHS 管理部门，负责具体的执行和日常管理；在车间或部门层面设立 EHS 专员，专门负责监督和实施 EHS 管理的具体措施。通过这样的管理结构，能够确保 EHS 管理贯穿整个企业运营，做到责任明确，层层落实，从而保障企业在各个环节中都能遵循 EHS 管理要求。

2.3.1.2　制定 EHS 管理制度和程序

企业还需要根据相关法规要求和自身的运营特点，制定完善的 EHS 管理制度和程序。这些制度不仅涵盖环境保护、安全生产和职业健康等方面，还应与企业的质量管理体系相互融合。制度的设计要注重可操作性和易执行性，避免过于复杂或脱离实际。企业应制定包括环境因素识别与评价、危险源辨识与风险评估、应急预案管理和 EHS 培训等方面的管理程序。在环境因素识别与评价中，企业要定期评估生产过程中的污染源，确保能够有效控制废水、废气和固体废物的排放；在危险源辨识与风险评估中，企业需要识别出可能影响员工安全和健康的潜在危险，并为此制定应对措施；应急预案管理则要求企业在面对突发事件时，能够迅速做出反应，保障员工和环境的安全。此外，企业还需建立 EHS 培训制度，定期对员工进行相关知识和操作规程的培训，增强全员的安全意识和环境保护意识。为了确保这些制度的有效性，企业应当建立定期评审和更新机制，确保制度始终符合最新的法规要求并能解决实际问题。

2.3.1.3　实施 EHS 管理体系认证

为了进一步提升 EHS 管理的规范性和有效性，企业可以考虑实施国际通用的 EHS 管理体系认证，如 ISO 14001 环境管理体系和 ISO 45001 职业健康安全管理体系等。这些管理体系不仅能帮助企业系统化地管理 EHS 风险，还能提升企业在国际市场中的形象和竞争力。在实施这些认证的过程中，企业应避免仅为认证而认证的形式主义，应将管理体系的要求融入日常的运营管理中，确保管理体系在实际操作中能够得到真正的应用。通过持续改进的过程，企业不仅能够达到法规的合规要求，还能够不断优化管理措施，减少环境和健康安全风险，提高整体管理水平和企业的可持续发展能力。

2.3.2 风险识别与评估

2.3.2.1 系统性风险识别

EHS 风险识别是合规管理的基石。企业应建立系统化的风险识别机制，并定期对生产过程、工作环境、原材料使用等方面进行全面的风险排查。风险识别不仅仅是简单的检查，它需要结合多种手段，形成科学的识别流程。常用的方法包括现场检查、工艺分析、历史数据回顾以及员工访谈等。在制药企业中，特别需要关注的风险领域包括化学品泄漏、粉尘爆炸、生物安全问题、废水处理过程中的污染物排放以及职业病危害等。为此，企业应根据自身的生产工艺特点，制定专门的风险识别清单和检查表，确保所有潜在的风险能够被及时发现和有效识别。

2.3.2.2 科学的风险评估

在完成风险识别的基础上，企业应进行科学的风险评估，目的是确定风险的严重程度并优先安排控制措施。科学的风险评估可以借助多种方法，如作业条件危险性评价法（LEC 法）和失效模式与影响分析（FMEA）等。这些方法通过评估每个风险的发生概率以及后果的严重性，帮助企业科学地排序，优先应对那些潜在影响较大的风险。在评估过程中，还应考虑现有的控制措施是否足够有效，评估结果要形成文件，并定期进行更新。对于高风险领域，企业应制定详尽的控制计划和改进措施，确保在风险发生之前，能够采取有效的防范手段，降低风险的发生概率和影响。

2.3.2.3 动态风险管理

EHS 风险具有动态变化的特点，因此，企业必须建立动态的风险管理机制，确保风险管理与企业的实际运营保持同步。这种动态管理机制要求企业定期进行风险再评估，并在新项目或工艺变更时进行重新评估，同时在发生事故或接近事故的情况下，迅速开展风险重新评估。通过这种动态的风险管理方式，企业能够确保所识别的风险始终反映当前实际情况，并根据不断变化的环境和生产情况，及时调整风险控制措施。通过持续的监控和适时的风险调整，企业能够最大限度地降低 EHS 风险的潜在威胁，保证生产的安全与环保合规。

2.3.3 合规性评价与改进

2.3.3.1 建立法规信息库

为了确保企业能够及时了解并响应最新的法规要求，建立一个完善的 EHS 法规信息库显得尤为重要。该信息库不仅应包含国家层面的法律法规，还要涵盖地方性法规和行业标准，并且要定期更新，以确保始终跟进法规的最新动态。企业可以考虑采用专业的法规管理软件来管理这些信息，也可以聘请外部法律专家定期提供法规咨询服务。这种法规信息库为企业的合规管理提供了一个基础性的数据支持，能够帮助企业及时发现法规的变化和更新，确保生产活动在合规的框架内进行。

2.3.3.2 定期合规性评价

企业应定期进行 EHS 合规性评价，以评估企业运营是否符合相关法规的要求。合规性评价可以通过自评与第三方评价相结合的方式进行。自评有助于企业内部发现问题并进行初步改进，第三方评价则提供了客观公正的审视，能有效补充自评的局限性。评价内容应涵盖环境保护、安全生产、职业健康等各个领域。通过这一过程，企业可以准确识别合规性差距，及时制定相应的改进计划，并通过评价报告详细记录评估结果，为后续的合规管理提供依据。

2.3.3.3 持续改进机制

在合规性评价的基础上，企业应针对发现的不合规项制定改进计划。改进计划应包括原因分析、纠正措施及预防措施的制定，同时企业应建立有效的跟踪机制，确保改进措施得到及时和有效的实施。持续改进是 EHS 管理体系的核心理念，它要求企业不断根据内外部变化和评价结果对现有管理体系进行调整和完善。这一机制不应仅限于应对突发问题，而应贯穿到企业日常运营的各个环节，形成一种不断自我提升的良性循环。

2.3.4 培训与文化建设

2.3.4.1 分层分类培训

EHS 培训是增强全员合规意识和提升能力的关键举措。企业应建立分层分类的培训体系，为不同岗位和层级的员工提供有针对性的培训内容。培训内容应包括法律法规要求、操作规程、应急处置程序等。对于高风险岗位的员工，特别应加强专业技能培训和资格认证，确保他们具备足够的能力处理特殊风险。在培训过程中，企业还应根据不同岗位的实际需求，制定个性化的培训计划，确保每一位员工都能在其职责范围内熟练掌握 EHS 管理要点，提升整体合规水平。

2.3.4.2 EHS 文化建设

EHS 文化的建设对管理体系的长期有效至关重要。企业应通过多种途径积极推广 EHS 理念，培养全员的 EHS 合规意识。这可以通过组织 EHS 主题活动、设立奖励机制、发布 EHS 简报等方式来实现。在日常运营中，管理层应率先垂范，以身作则，树立重视 EHS 管理的榜样，确保 EHS 文化深入人心，形成自上而下的合规氛围。通过持续的文化建设，企业能够在全员中树立起强烈的 EHS 责任感，推动合规管理的深入实施。

2.3.4.3 沟通与参与机制

为了提高员工的积极性，企业还应建立有效的 EHS 沟通与参与机制。员工的积极参与能够带来更多创新的想法和改进建议，进而优化企业的 EHS 管理体系。企业可以通过设立 EHS 建议箱、组织 EHS 研讨会、开展 EHS 创新竞赛等形式，鼓励员工在日常工作中提出改进意见。同时，应建立畅通的信息反馈渠道，确保员工的 EHS 关切能够及时得到回应，增强员工对 EHS 管理的参与感和归属感。通过这种良好的沟通机制，企业能够保持与员工的互动，提高员工对 EHS 的认同和重视度，进而提升整体管理效果。

2.3.5 技术创新与清洁生产

2.3.5.1 推动清洁生产技术应用

在面对日益严格的环保要求时，企业应积极推动清洁生产技术的应用。这不仅有助于减少环境污染，也能提升生产效率，实现资源的最优化利用。清洁生产技术的推广包括采用新型溶剂替代技术，以减少有害化学品的使用；引入连续化反应技术，提升生产过程的效率和安全性；采用废物资源化利用技术，通过有效的废物回收和利用，降低废弃物的排放。这些技术创新不仅有助于降低环境风险，还能提升企业的竞争力，促使企业实现经济效益和环境效益的双赢局面。

2.3.5.2 数字化 EHS 管理

随着信息技术的不断发展，数字化 EHS 管理已成为未来的重要趋势。企业应利用现代信息技术，提升 EHS 管理的效能。例如，引入 EHS 管理信息系统，能够实时监控企业的排放、能耗等关键数据，帮助管理者快速识别潜在的环境风险和安全隐患。此外，物联网技术可以用于实时监测排放数据，为决策提供数据支持；大数据分析则可以预测潜在的风险，提前采取预防措施；人工智能技术能够优化能源使用，帮助企业降低能源消耗，提升资源利用效率。通过这些数字化手段，企业能够更精确、及时地进行 EHS 管理，有效提高风险防控能力。

2.3.5.3 绿色供应链管理

EHS 合规管理不仅限于企业内部，还应延伸到整个供应链体系。企业应制定绿色采购政策，优先选择那些环保、安全可靠的原材料和设备，并确保供应商的生产过程符合相关的环境保护和安全标准。此外，企业还应对供应商进行定期的 EHS 评估和审核，以确保供应链中的各方都能履行相应的环境和安全责任。这种绿色供应链管理方式有助于全行业提升 EHS 管理水平，同时降低供应链风险，推动企业朝着更为可持续的方向发展。

2.3.6 应急管理与持续运营

2.3.6.1 完善应急预案体系

企业应建立一套完善的应急预案体系，涵盖可能发生的各类 EHS 事故和紧急事件。这些预案应包括综合应急预案、专项应急预案和现场处置方案，针对不同类型的事故，明确应急组织架构、响应程序和处置措施。为了确保应急预案的有效性，企业应定期组织应急演练，检验预案的可操作性，并根据演练结果不断完善应急预案体系。应急预案的完善和演练能够提升企业在突发情况下的反应能力，最大限度地降低事故造成的损失。

2.3.6.2 建立事故调查与经验分享机制

对于发生的 EHS 事故或险兆事件，企业应建立严格的事故调查机制，深入分析事故发生的原因，并根据调查结果制定并落实整改措施。同时，企业应建立经验分享机制，将事故教训转化为管理改进的动力。通过在企业内部广泛分享经验和教训，可以有效避免类似事故的再次发生，并提升全员的安全意识和应急响应能力。

2.3.6.3　制定业务连续性计划

考虑到重大 EHS 事件可能对企业运营造成的影响，企业应提前制定业务连续性计划。该计划应包括对关键业务的识别、替代方案的制定以及恢复策略的确定，确保在发生重大 EHS 事件时，企业能够快速恢复核心业务，减少生产中断带来的损失。此外，企业应定期检视和更新业务连续性计划，确保其始终符合实际情况，并能够应对可能的突发情况。通过业务连续性计划的实施，企业可以提高抗风险能力，确保在各种突发情况下持续运营。

2.4　法规影响评估方法

在制药行业快速发展和法规环境不断变化的背景下，及时、准确地评估新法规对企业的影响至关重要。本节将详细探讨制药企业如何建立和实施有效的法规影响评估方法，以便更好地应对法规变化，确保合规经营。

2.4.1　法规监测与分析

2.4.1.1　建立法规监测机制

为了确保企业能够及时掌握与其运营相关的最新法规动态，企业应建立系统化的法规监测机制。首先，企业可以指定专人负责法规监测工作，定期检索相关政府部门网站、行业协会公告等，确保法规的更新信息及时传递到相关部门。其次，企业可以订阅专业的法规数据库或咨询服务，以便获取更为全面和及时的法规信息。此外，积极参与行业协会的活动也是一种有效的监测手段，通过行业协会，可以了解法规的制定动向以及同行的应对策略。为了确保法规信息能够高效传播，企业还应建立内部的法规信息共享平台，将重要的法规动态及时共享给各相关部门，确保所有部门对新法规有充分了解并能够及时响应。

2.4.1.2　法规分类与筛选

面对日益增多的法规信息，企业必须建立有效的分类和筛选机制，以便快速识别出与企业运营相关的重要法规。可以根据法规的层级进行分类，包括国家法律、行政法规、部门规章以及地方性法规等。此外，还可以根据法规涉及的领域进行分类，例如环境保护、安全生产、职业健康、药品管理等，这有助于企业聚焦于与其核心业务相关的法规。另外，法规的适用范围也需要考虑，企业应关注全国性法规、地方性法规以及行业特定法规等。最后，根据法规对企业运营的影响程度进行筛选，优先关注那些对企业运营有重大影响的法规，而对于影响较小的法规，可以暂时不予关注。这种分类和筛选的方式，有助于企业高效管理海量法规信息，并确保其合规性管理不失重点。

2.4.1.3 法规解读与分析

对于筛选出的重要法规，企业应组织相关的专业人员进行深入的解读和分析。首先，解读工作应明确法规的核心要求和具体条款，这有助于企业全面理解法规内容，并确保执行时不漏项或误解。其次，需要分析法规实施的时间表和过渡期安排，以便合理安排合规措施的实施进度，避免因拖延导致的合规风险。对于新颁布的法规，企业还应对比新旧法规的变化，识别关键差异，特别是那些可能影响企业生产、运营或合规策略的重大变化。此外，企业还应研究法规的执行细则和配套文件，这些文件可能包含了执行的细节和具体操作要求，帮助企业更好地执行法规。在法规解读过程中，如果遇到不明确或有疑问的地方，企业应及时咨询外部专家或监管部门，确保法规的理解和执行没有偏差。通过这些细致的解读和分析，企业能够更好地应对法规带来的挑战，确保合规性管理的精准性和有效性。

2.4.2 影响评估流程

2.4.2.1 成立评估团队

为了确保法规影响评估的全面性和准确性，企业应针对重要的新法规，成立一个跨部门的评估团队。这个团队的成员应包括 EHS 管理、法务、生产、研发、财务等多个部门的代表，以确保评估的视角多元化、全面覆盖所有可能受到法规影响的领域。每个部门的代表都能为评估工作提供专业的意见和建议，确保评估结果的准确性和可行性。团队应指定一名经验丰富的负责人，负责协调各部门之间的沟通与合作，确保评估工作的顺利进行。

2.4.2.2 确定评估范围

在组建评估团队后，团队首先需要明确法规影响评估的范围，这包括确定哪些业务领域和生产环节将受到新法规的影响。例如，是否涉及生产设施的改建或新增工艺流程，是否需要修订相关管理制度或操作规程。此外，评估还应涵盖可能受影响的设施设备，特别是那些涉及环境、健康、安全等方面的关键设备和技术环节。同时，评估团队还需要考虑到法规对供应商和客户的潜在影响，确保法规的实施不会引发供应链或市场的变化，避免产生不必要的外部风险。

2.4.2.3 影响分析

在确定评估范围之后，评估团队需要对法规的潜在影响进行多维度分析。首先是合规性影响，团队需评估当前企业的运营是否符合新法规的要求，识别可能存在的合规风险，尤其是对于那些法规要求发生变化的领域。其次是技术影响，团队需要分析是否需要对现有设施设备进行更新或改造，或者调整生产工艺，以满足新的法规要求。接下来是管理影响，团队应评估是否需要修订现有的管理制度、操作规程或培训计划，以确保员工在新的法规要求下能够遵循相应的操作流程。经济影响也是评估的重要组成部分，团队应估算实施法规合规可能带来的成本增加或投资需求，尤其是涉及设备改造、技术升级等方面的资金投入。市场影响则需要分析法规实施对企业产品销售和市场竞争力的潜在影响，评估是否会影响到企业的市场地位或客户需求。最后是声誉影响，评估团队还应考虑到法规合规或不合规对企业声誉的可能影响，尤其是在公众、客户和监管机构的眼中，企业的形象和品牌可能受到法规执行情况的影响。

2.4.2.4　风险评级

在完成影响分析后，评估团队应根据各项影响的程度和企业的应对能力，对各类影响进行风险评级。通常，可以采用以下的评级标准：高风险、中风险和低风险。高风险表示法规的实施对企业运营有重大影响，需要企业立即采取行动进行调整或改进；中风险则表示法规实施对企业有一定影响，企业需要在中短期内采取措施加以应对；低风险则表明法规的影响相对较小，可以通过常规的管理措施来应对。这一评级过程有助于企业明确法规影响的优先级，确保最紧迫的合规问题得到及时处理，同时也为企业提供了科学的决策依据，帮助企业合理分配资源并制定合适的改进计划。

2.4.3　应对策略制定

2.4.3.1　制定合规方案

根据前期影响评估的结果，评估团队需要制定针对性的合规方案。这些方案应详细列出为应对新法规要求而需要采取的各项措施。技术改造计划是其中的重要内容，企业可能需要更新设备、调整生产工艺或引入新技术以满足法规的要求。管理制度修订也不可忽视，企业应根据新法规的要求，对现有的管理制度、操作规程进行修订和完善，以确保合规性。人员培训方案也是合规方案的重要组成部分，企业需要针对法规的新要求，制定详细的培训计划，确保所有相关人员充分理解并能够有效执行新的操作规范。对于供应链调整，企业可能需要根据新法规要求对供应商进行重新评估，必要时调整供应链结构以保证符合新的法规要求。产品结构优化方案也可能成为合规方案的一部分，特别是法规要求在产品性能、材料或环境影响等方面做出调整时，企业需要对现有产品结构进行优化，以实现法规的合规性。

2.4.3.2　资源需求分析

制定合规方案的同时，评估团队还应进行详细的资源需求分析，确保方案的实施具有可操作性。首先，资金投入是必不可少的，企业需要评估合规措施所需的资金，应考虑到技术改造、设备更新、人员培训等方面的费用。其次，人力资源需求也需要精确分析，包括技术人员、管理人员、操作人员等不同层级的人员，特别是那些需要参与技术改造和管理制度修订的关键岗位人员。时间安排也是一个关键因素，企业需要明确各项合规措施的实施时间表，确保按时完成必要的调整。最后，外部支持需求也需要进行预估，企业可能需要聘请专业的技术咨询机构或设备供应商提供支持，确保所采取的措施符合最新的法规要求，并且具有实际可操作性。

2.4.3.3　成本效益分析

对于重大合规投入，企业应进行全面的成本效益分析，这包括直接合规成本，如设备升级、技术改造、培训费用等。这些直接成本虽然是合规措施的核心支出，但企业应注意评估潜在的节能减排效益。例如，通过采用更环保的生产工艺或节能设备，企业可能实现更高的能源利用效率，进而降低生产成本。此外，提高生产效率也是成本效益分析的一部分，合规措施可能会促使生产过程的优化，从而提高生产效率，降低不必要的资源浪费。更重要的是，降低安全风险带来的长期收益也是成本效益分析中的关键因素。通过实施合规方案，企业不仅能够降低事故发生的风险，还能提升员工的安全意识，降低企业因事故产生的潜在损失。最后，提升企业形象和市场竞争力的无形收益也是企业需要考虑的重要因素。企业在积极响应法规的过程中，会树立起良好的社会责任形象，这有助于增强企业的市场竞争力，吸引更多的客户和投资者。综合这些因素，企业可以全面评估合规方案的长远收益，确保资源投入能够带来可持续的效益。

2.4.4 实施与跟踪

2.4.4.1 制定实施计划

在确定了合规方案和资源需求后，企业应制定一份详细的实施计划。这份计划应包含明确的时间表和里程碑，确保各项合规措施能够按时完成。时间表应具体到每个阶段的完成日期，并为每个关键活动设置可量化的目标，以确保实施过程能够有序推进。此外，责任分工也是实施计划中的重要内容，企业需要明确每个部门和人员的责任，确保各项任务的执行有专人负责，并避免出现责任重叠或疏漏的情况。实施计划还应包括关键绩效指标（KPI），这些指标可以帮助企业量化各项任务的完成情况，并为后续的效果评估提供数据支持。预算分配也应在实施计划中详细列出，确保每项措施所需的资金能够得到合理分配，以免出现资金不足影响实施进度的情况。

2.4.4.2 建立跟踪机制

为了确保合规方案的有效实施，企业需要建立严格的跟踪机制。定期召开进展评审会议是其中的重要环节，企业应组织相关部门和团队成员定期检查实施进展，评估是否按照计划推进，并及时调整策略应对实施过程中出现的挑战。此外，建立项目管理系统也十分关键，企业可以利用现代化的信息技术工具，实时跟踪各项措施的实施进度。这种系统化的管理方式能够确保各项任务的进度能够被精确监控，及时发现进展中的问题并进行调整。此外，设立预警机制也非常重要，企业应建立灵敏的预警系统，一旦发现实施过程中存在的风险或障碍，能够及时响应并采取有效的纠正措施，确保合规目标的顺利实现。

2.4.4.3 效果评估与持续改进

在合规方案实施后，企业应进行全面的效果评估，以判断各项措施是否有效达成预定目标。首先，评估合规目标的达成情况，分析每一项合规措施是否在规定时间内落实并达到预期效果。这不仅是对实施效果的检验，也为后续的管理决策提供依据。其次，企业应分析实际投入与预算之间的差异，了解实际执行过程中是否存在资金、时间等资源的超支或浪费现象，识别出预算执行的不足之处，并加以改进。对于实施过程中出现的问题，企业应总结经验教训，识别出成功的做法以及存在的不足之处，从中汲取经验，为未来的合规管理工作提供参考。在效果评估的基础上，企业应识别出仍需改进的领域，可能是某些合规措施尚未完全落实，或者实施过程中的管理效率需要提升。针对这些问题，企业应制定持续改进计划，不断优化合规管理工作，以确保企业始终能够应对法规变化，并持续提高其合规性水平和管理能力。

2.4.5 案例分析

为了更好地理解法规影响评估方法的应用，我们可以通过一个具体案例来说明。

案例：某制药企业针对新修订的《药品生产质量管理规范》进行影响评估。

（1）法规监测与分析

该企业的 EHS 部门定期检索国家药品监督管理局网站，以确保能够及时获取与药品生产相关的最新法规信息。通过这一机制，企业迅速发现了《药品生产质量管理规范》修订的信息，并着手对新旧版本进行详细对比。法规团队对修订的内容进行了深入剖析，特别关注了生产环境控制和数据完整性方面的新要求。此过程中，企业特别关注的是如何在符合新规定的情况下保证生产效率和质量，从而避免因法规变动导致的合规性风险。

（2）影响评估流程

为了确保法规影响评估工作的全面性，该企业成立了一个跨部门的评估团队，团队成员包括质量管理、生产、EHS、信息技术等相关部门的代表。评估团队首先确定了评估范围，涵盖了所有生产车间、质量控制实验室和仓储设施。团队通过现场检查、文件审核等方式对《药品生产质量管理规范》进行了细致分析，评估了其对合规性、技术和管理等多个维度的影响。评估中，企业识别出了若干高风险领域，特别是在洁净区分级管理和电子记录系统方面，这些领域需要进行较大幅度的改进，以符合新版《药品生产质量管理规范》的要求。

（3）应对策略制定

根据影响评估的结果，企业制定了详细的合规方案，包括对洁净室的改造和数据管理系统的升级等。企业还进行了成本估算，预计改造和升级的总投资为 2000 万元。通过对合规成本的成本效益分析，企业认为这笔投入将在未来带来显著的收益，主要体现在提高产品质量、减少批次失败率以及提升整体生产效率方面。长远来看，这些投资将显著改善产品质量，增强企业市场竞争力，并为企业带来经济效益。

（4）实施与跟踪

企业根据合规方案制定了详细的实施计划，计划周期为 18 个月，涵盖了设计、采购、施工、验证等多个阶段。在实施过程中，企业设立了月度进展评审会议，通过定期检查和反馈及时解决了实施过程中出现的问题。同时，企业还建立了跟踪机制，确保项目能够按时按质完成。项目完成后，企业对所有改造和升级措施进行了全面的合规性评估，确认所有改造符合新版《药品生产质量管理规范》的要求。

通过这个案例，我们可以看到法规影响评估方法在实际应用中的重要性和有效性。法规影响评估不仅帮助企业系统性地识别法规变化可能带来的合规风险，还为企业提供了通过合理规划和投资实现合规的路径。在该案例中，企业不仅确保了符合法规要求，还通过合理的投资提升了产品质量和生产效率，从而提高了企业的竞争力和市场份额。因此，法规影响评估方法的应用能够为企业带来长远的经济效益，帮助其在法规变动的环境中稳定发展。

2.5 总结

本章系统阐述了制药行业 EHS 法规体系的构成与发展，深入分析了国际国内法规特点，并提供了实用的合规管理策略和评估方法。通过法规体系的比较研究和案例分析，为读者构建了完整的 EHS 法规认知框架和实践指导。

本章的框架如图 2-1 所示。

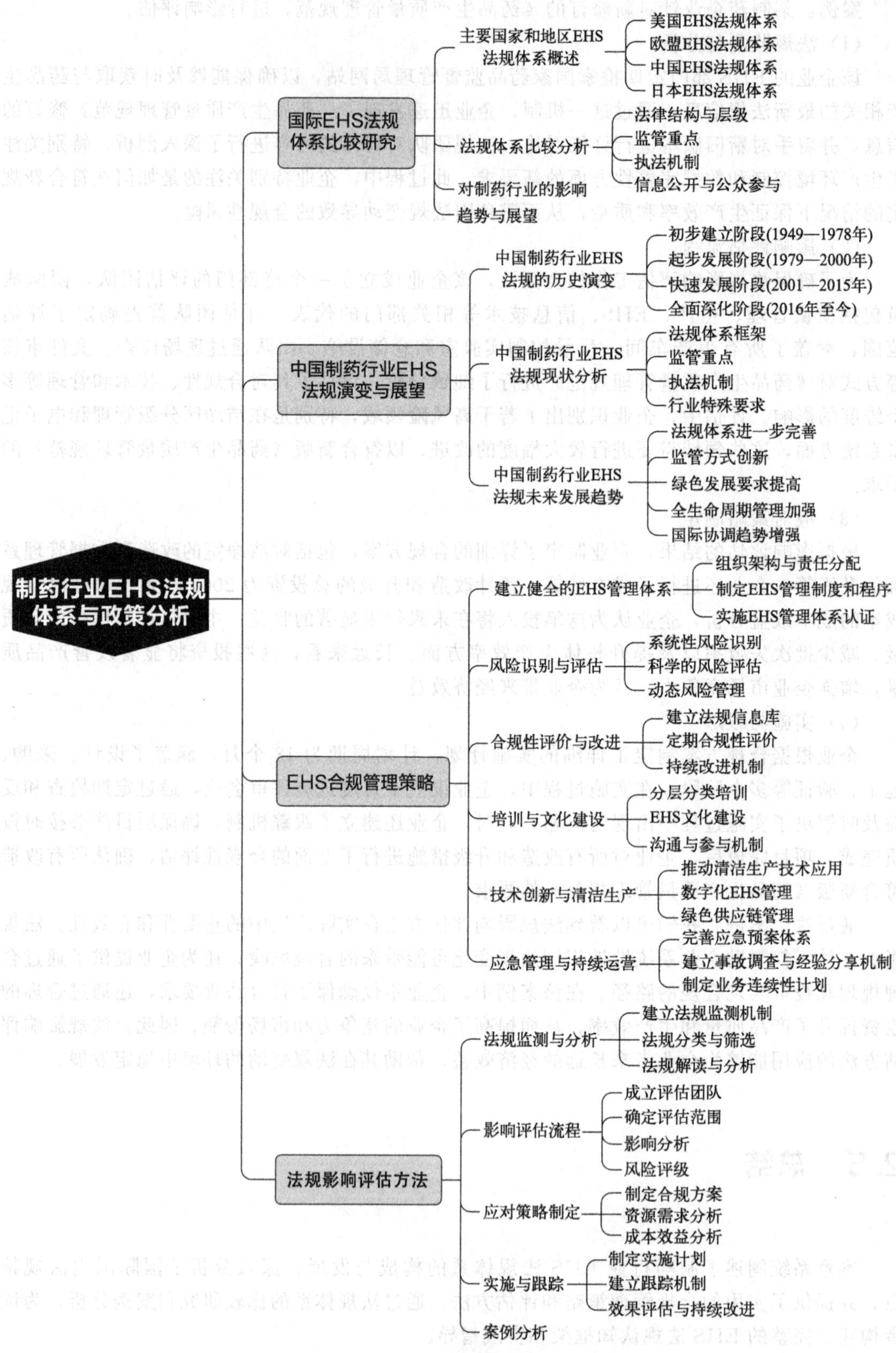
制药行业EHS法规体系与政策分析
国际EHS法规体系比较研究
主要国家和地区EHS法规体系概述
美国EHS法规体系
欧盟EHS法规体系
中国EHS法规体系
日本EHS法规体系
法规体系比较分析
法律结构与层级
监管重点
执法机制
信息公开与公众参与
对制药行业的影响
趋势与展望
中国制药行业EHS法规演变与展望
中国制药行业EHS法规的历史演变
初步建立阶段(1949—1978年)
起步发展阶段(1979—2000年)
快速发展阶段(2001—2015年)
全面深化阶段(2016年至今)
中国制药行业EHS法规现状分析
法规体系框架
监管重点
执法机制
行业特殊要求
中国制药行业EHS法规未来发展趋势
法规体系进一步完善
监管方式创新
绿色发展要求提高
全生命周期管理加强
国际协调趋势增强
EHS合规管理策略
建立健全的EHS管理体系
组织架构与责任分配
制定EHS管理制度和程序
实施EHS管理体系认证
风险识别与评估
系统性风险识别
科学的风险评估
动态风险管理
合规性评价与改进
建立法规信息库
定期合规性评价
持续改进机制
培训与文化建设
分层分类培训
EHS文化建设
沟通与参与机制
技术创新与清洁生产
推动清洁生产技术应用
数字化EHS管理
绿色供应链管理
应急管理与持续运营
完善应急预案体系
建立事故调查与经验分享机制
制定业务连续性计划
法规影响评估方法
法规监测与分析
建立法规监测机制
法规分类与筛选
法规解读与分析
影响评估流程
成立评估团队
确定评估范围
影响分析
风险评级
应对策略制定
制定合规方案
资源需求分析
成本效益分析
实施与跟踪
制定实施计划
建立跟踪机制
效果评估与持续改进
案例分析

图 2-1 第 2 章内容框架

关键词

法规体系、合规管理、风险评估、政策演变、清洁生产、应急管理、法规监测、影响评估、合规策略、持续改进。

关键启示

1. 合规管理是企业 EHS 管理的基础性工作。
2. 系统化的合规管理策略对企业至关重要。
3. 预见性的法规跟踪与评估有助于企业主动应对变化。

思考与展望

1. 如何建立更高效的法规跟踪机制？
2. 企业如何平衡合规成本与效益？
3. 未来法规变化将给企业带来哪些挑战？

建议深入学习

1. 研究典型国家最新 EHS 法规动态。
2. 学习标杆企业合规管理最佳实践。
3. 关注新技术在合规管理中的应用。

第3章

制药行业EHS管理体系的整合与创新

在制药行业高质量发展的新阶段，EHS 管理体系正经历着前所未有的变革与创新。本章将深入探讨 EHS 管理体系的演进规律、特殊要求、整合创新及数字化转型，为读者展现制药行业 EHS 管理体系的新思维与新方向。

随着管理理念的升级和技术手段的革新，传统的 EHS 管理体系已无法满足现代制药企业的发展需求。如何实现 EHS 与质量管理体系的有机融合，如何借助数字化手段推动管理创新，已成为行业关注的焦点问题。

本章将引导读者：

√ 把握 EHS 管理体系的发展脉络和未来趋势。

√ 理解制药行业 EHS 管理的特殊要求。

√ 掌握 EHS 与质量管理体系的融合方法。

√ 探索数字化时代的 EHS 管理创新路径。

通过本章学习，读者将建立现代 EHS 管理体系的创新思维，为推动企业 EHS 管理的转型升级奠定基础。

3.1 EHS 管理体系的演进与趋势

EHS 管理体系自形成以来，经历了显著的演变过程，这一发展反映了社会、技术和法规环境的变化。本节将详细探讨 EHS 管理体系的历史沿革、现状分析以及未来发展趋势，以帮助企业构建更高效、可持续的 EHS 管理体系。

3.1.1 EHS 管理体系的历史沿革

EHS 管理体系的发展可以追溯到 20 世纪 70 年代。在工业化快速推进的过程中，环境污染、职业健康问题和安全事故频发，引发了社会的广泛关注。各国政府相继出台了一系列环境保护和职业安全卫生法规，为 EHS 管理体系的建立奠定了基础。

早期的 EHS 管理主要表现为被动式的合规管理，企业的核心目标是满足政府法规要求，以避免处罚和法律责任。在这一阶段，环境管理、职业健康管理和安全管理往往是分散的，缺乏系统性和整体性，管理方式多为事后响应，即在问题出现后采取补救措施。

进入 20 世纪 90 年代后，企业逐渐意识到分散管理的局限性，EHS 管理开始向整合化方向发展。这一转变的重要标志是国际标准化组织（ISO）发布 ISO 14001 环境管理体系标准和 OHSAS 18001 职业健康安全管理体系标准（此标准已经被 ISO 45001 标准取代）。这些国际标准为企业构建系统化、标准化的 EHS 管理体系提供了框架和指南，使得企业可以建立更加科学、系统的 EHS 管理体系，以降低环境风险、保障员工健康和生产安全。

3.1.2 EHS 管理体系的现状分析

进入 21 世纪，EHS 管理体系进入战略融合阶段，企业不再将 EHS 仅仅视为合规工具，而是将其纳入企业整体战略的核心部分。这一转变体现了企业对可持续发展理念的深刻理解和实践。

当前，EHS 管理体系呈现出以下几个关键特征。首先，数字化转型成为推动 EHS 管理效率提升的重要因素。大数据、人工智能、物联网等新兴技术的应用，使得 EHS 数据的收集、分析和预测能力大幅提高，帮助企业更高效地监测和控制 EHS 风险。其次，全面风险管理理念得到广泛认同，企业不再将 EHS 风险孤立看待，而是将其纳入整体风险管理框架，实现系统性的防控。此外，EHS 管理的范围逐渐从企业内部扩展到整个供应链，体现了企业对社会责任的更高承诺，推动了行业整体的可持续发展。

与此同时，气候变化问题已成为 EHS 管理体系中不可或缺的组成部分。碳排放管理、能源效率提升等议题日益受到重视，许多企业纷纷设定科学碳目标（SBTs），以减少温室气体排放。此外，企业越来越注重培育全员参与的安全文化，强调每一位员工在 EHS 管理中的重要性，以推动企业整体 EHS 管理水平的提升。

3.1.3 EHS 管理体系的发展趋势

展望未来，EHS 管理体系的发展趋势主要体现在以下几个方面。

首先，智能化和自动化将进一步深化。人工智能和机器学习技术的应用将使 EHS 管理更加精准和高效。预测性分析将帮助企业提前识别潜在风险，从而采取预防措施。同时，实时监测和自动报警系统的普及将极大提高应急响应能力，减少突发事件带来的损失。

其次，EHS 管理将与可持续发展目标（SDGs）深度融合。在 ESG（环境、社会和治理）框架下，EHS 管理将不再是一个孤立的管理领域，而是与企业的社会责任、治理结构等方面紧密相连。这要求企业采用更加全面和系统的方法来管理 EHS 事务，以满足利益相关方对企业可持续发展的更高期望。

再者，跨行业、跨地区的 EHS 最佳实践共享平台有望兴起。随着全球化进程的深入，企业间的经验交流和知识共享将变得更加重要。这种平台将促进 EHS 管理理念和方法的快速传播和创新，提高企业在 EHS 管理方面的整体竞争力。

最后，EHS 管理体系将更加注重适应性和韧性。面对全球气候变化、公共卫生危机等新型挑战，企业需要构建更具弹性的 EHS 管理体系，以应对不确定性和突发事件。这不仅包括提升企业自身的适应能力，也涉及与政府、社区和供应链的协同合作，以确保企业在复杂的环境中能够实现可持续发展。

3.1.4 制药行业 EHS 管理体系的特殊性

在制药行业，EHS 管理体系的演进既遵循了上述普遍趋势，又呈现出行业特有的特点。生物技术的快速发展、新型药物的不断涌现，以及公众对药品安全的高度关注，都为制药企业的 EHS 管理带来了独特的挑战和机遇。

制药行业 EHS 管理的特殊性主要体现在以下几个方面。首先，药品生产过程中涉及的化学物质和生物制剂往往具有较高的危险性，这要求企业制定更加严格、专业的安全管理措施，以保障生产人员的职业健康和环境安全。其次，药品质量管理与 EHS 管理密切相关，这促使制药企业在 EHS 管理中更加注重与药品生产质量管理规范的协调和融合，以确保产品的安全性和有效性。此外，制药行业的高创新特性要求 EHS 管理体系具备较强的灵活性和适应性，以便应对新技术、新工艺所带来的环境、健康和安全挑战。例如，基因治疗、生物制药等新兴技术的快速发展，对 EHS 管理提出了新的标准和要求，企业需要不断调整和优化管理体系，以适应这些技术变革带来的挑战。

总体而言，EHS 管理体系的演进是一个动态、持续的过程。它不仅反映了社会对环境保护、职业健康和安全生产的日益重视，也体现了企业管理理念和实践的不断进步。对于制药行业而言，EHS 管理体系的发展既面临挑战，也蕴含着巨大的创新潜力。未来，随着新技术的应用和管理理念的革新，EHS 管理体系将在保障公众健康、推动行业可持续发展方面发挥更加重要的作用。

3.2 制药行业 EHS 管理体系的特殊要求

制药行业作为关系国计民生的重要产业，其 EHS 管理体系具有独特的要求。这些要求源于行业的高风险特性、严格的法规环境以及社会公众的高期望，促使制药企业在 EHS 管理方面达到更高标准。本节将深入探讨制药行业 EHS 管理体系的特殊要求及其对企业管理实践的影响。

3.2.1 产品安全与质量控制

在制药行业，产品安全与质量控制不仅仅是质量管理的范畴，也直接关系到 EHS 管理。药品生产涉及大量化学合成、生物技术及物理处理过程，这些过程中的环境安全、职业健康与产品质量紧密相关。因此，制药企业的 EHS 管理体系必须与药品生产质量管理规范深度融合，确保安全的生产环境、防止交叉污染，并保障产品质量的一致性。

洁净室管理是制药行业 EHS 管理的核心部分之一。生产过程中，空气净化系统、空气微粒控制、压力梯度管理等必须达到极高的标准，以避免产品污染。此外，高活性或有毒药物的生产要求使用特殊隔离系统，以保护操作人员和环境。例如，一些抗癌药物的生产需要在高密闭环境下进行，并配备特殊的通风系统，以控制高毒性物质的暴露风险。

此外，药品生产过程中使用的原料药和中间体可能具有较高的毒性或活性，需要严格的物料管理制度，包括存储、操作与废弃物处置的全过程安全管控。这些要求远超一般制造业，使得制药行业的 EHS 管理更加复杂和严格。

3.2.2　研发活动的 EHS 管理

制药行业高度依赖研发活动，而新药研发过程涉及大量实验室操作、动物试验和临床试验，这些都对 EHS 管理提出了独特挑战。实验室安全管理不仅涵盖化学品和物理危害的防护，还需要高度关注生物安全。例如，基因重组实验、新型病毒研究和疫苗研发等涉及高度敏感的生物材料，需要特殊的防护措施，如生物安全柜、负压实验室、灭菌系统等，以防止实验室生物因子的泄漏或污染。

动物试验是制药研发的关键环节之一，但这也引发了伦理和环境方面的挑战。企业必须确保符合动物福利准则，减少试验动物的痛苦，并在可能的情况下采用替代方法，如计算机模拟或细胞培养，以减少试验动物的使用。此外，试验动物的处理、病理样本的处置等也必须符合 EHS 管理要求，防止生物污染的发生。

临床试验阶段的 EHS 管理涵盖多个方面，包括受试者的健康保护、实验数据的完整性保障以及试验过程中的生物废弃物管理。企业必须确保临床试验符合国际标准，如 ICH-GCP（国际人用药品注册技术要求协调会-药物临床试验质量管理规范），以保证试验过程的安全性和伦理合规性。

3.2.3　特殊废弃物管理

制药行业生产过程中会产生大量的特殊废弃物，包括高活性废弃物、生物废弃物、危险化学品废弃物等。普通工业企业的废弃物管理方式往往无法满足制药行业的需求，因此 EHS 管理体系必须建立针对制药废弃物的特殊管理流程。

例如，过期或不合格药品的销毁必须采取特殊的方法，以防止环境污染或非法滥用。抗生素生产过程产生的含药废水若直接排放，可能导致抗生素耐药性问题，因此必须经过高级氧化、膜分离等特殊处理技术进行净化。实验室产生的生物废弃物，如病原体样本、基因重组生物材料等，则必须经过高温灭菌、化学消毒等处理后才能进行进一步处置。

此外，一些放射性药物或同位素标记化合物的研究开发需要严格的辐射防护措施，并配备专门的废弃物收集、储存和最终处置程序。这些要求远高于一般制造企业，使制药企业的 EHS 管理复杂度显著提升。

3.2.4　供应链 EHS 管理

随着全球化的发展，制药企业的供应链变得越来越复杂，EHS 管理不仅限于企业内部，还必须扩展至整个供应链，尤其是对于原料药和关键辅料供应商，EHS 管理成为产品质量和企业可持续发展战略的重要组成部分。

制药企业需要建立严格的供应商 EHS 审核和评估机制，将 EHS 标准纳入采购决策。例如，供应商是否符合 ISO 14001 环境管理体系、ISO 45001 职业健康安全管理体系，是否具备完善的职业健康与环境合规管理措施等，都是重要的评估标准。此外，企业还需要监督供应商的废弃物管理、能耗控制、温室气体排放等，以符合全球绿色供应链管理要求。

一些大型跨国制药公司已经在碳足迹管理方面做出探索，例如要求供应商披露其碳排放数据，并采取措施减少供应链中的环境影响。这种做法将成为制药行业未来 EHS 管理的重要趋势。

3.2.5 严格的法规遵循要求

制药行业是受全球多个监管机构高度监管的行业，如美国 FDA、欧洲 EMA、中国 NMPA、日本 PMDA（药品和医疗器械管理局）等。EHS 法规不仅仅涉及产品质量管理，还涵盖环境保护、职业健康安全等多个方面。因此，制药企业的 EHS 管理体系必须具备强大的法规遵循能力。

企业需要建立法规跟踪和解读机制，确保能够及时获取新法规信息，并将其要求转化为企业的具体管理措施。例如，欧盟的 REACH 法规要求所有化学物质在市场流通前进行环境安全评估，美国 OSHA 的职业健康标准则要求企业对员工暴露于危险化学品的情况进行严格监测。

此外，内部审计和合规检查机制也是确保 EHS 法规落实的重要手段。企业需要定期进行 EHS 审计，以发现潜在的合规风险，并采取纠正措施，以确保法规的长期符合性。

3.2.6 社会责任与可持续发展

制药行业在 EHS 管理方面承担着更高的社会责任。公众对医药企业的期望不仅仅是合规运营，更希望其在环境保护、公共健康、社会责任等方面发挥积极作用。例如，在疫情暴发期间，许多制药企业迅速调整 EHS 管理体系，以保障疫苗和治疗药物的生产，同时确保员工安全，并支持全球抗疫。

药品的可及性也是 EHS 管理的重要组成部分。例如，一些制药企业通过降低碳排放、优化供应链物流，提高疫苗和必需药品在发展中国家的可获得性。此外，企业也在推动更环保的生产方式，如减少溶剂使用、优化能源利用、提升药品包装的可回收性等，以减少对环境的影响。

3.3 EHS 与质量管理体系的融合

在当今制药行业，EHS 管理体系与质量管理体系（QMS）的融合已成为不可忽视的趋势。这一趋势不仅源于监管要求的趋同，还在于管理效率的提升和企业可持续发展的需求。随着制药行业对合规性、可持续发展和风险管理的要求日益提高，整合 EHS 与质量管理体系已成为提高企业运营效率和竞争力的重要策略。本节将探讨 EHS 与质量管理体系融合的必要性、方法、机遇与挑战，并通过案例分析展示成功实践。

3.3.1 融合的必要性

在制药行业，EHS管理与质量管理体系的融合日益成为行业共识。这一融合的必要性主要体现在以下几个关键方面。首先，监管要求的趋同推动了管理体系的整合。例如，美国食品药品监督管理局（FDA）的药品生产质量管理规范与美国环境保护署（EPA）的环境法规在多个领域存在交叉，要求企业采用更加综合的管理方法。此外，欧盟GMP法规和REACH法规对化学品的环境影响评估也日益严格，使得EHS和质量管理的边界逐渐模糊。

其次，融合管理体系可以提升企业的运营效率。传统上，EHS和质量管理体系分别由不同部门管理，导致流程重复、文件管理复杂、资源浪费等问题。通过融合，企业可以统一管理文件控制、培训记录、内部审核等流程，从而减少冗余工作，提高管理效率。

此外，融合管理体系能够更全面地识别和管控风险。EHS风险和质量风险往往存在高度关联，例如生产工艺的不合规可能导致质量缺陷，同时也可能带来安全隐患。因此，建立综合风险评估体系，可以确保企业在质量、环境、健康和安全方面的风险均得到有效控制。

最后，EHS和质量管理体系的融合符合持续改进的管理理念。这两大体系都强调计划—执行—检查—改进（PDCA）循环，通过融合，可以实现更系统的改进过程，推动企业在合规性、产品质量和环境保护方面持续优化。

3.3.2 融合的方法

要实现EHS与质量管理体系的有效融合，企业需要采取系统化的方法。首先，建立统一的管理框架是关键。企业可以基于ISO 9001、ISO 14001和ISO 45001等国际标准，构建一个整合的管理体系框架。该框架应涵盖质量、环境、健康和安全管理的核心要素，实现不同体系要求的协同管理。其次，识别EHS和质量管理体系的共同过程。在融合过程中，企业需要确定哪些管理流程可以共享，如文件控制、记录管理、风险评估、内部审核、管理评审等。通过整合这些共同过程，企业可以简化管理流程，提高效率。

建立综合风险评估体系也是融合的重要步骤。企业可以开发一个统一的风险评估工具，既能评估质量风险，也能识别EHS风险。例如，某些化学品可能影响产品质量，同时也可能对员工健康和环境造成危害，因此需要综合评估其风险，并制定相应的控制措施。

人才培养是EHS与质量管理融合的另一个关键环节。企业应鼓励EHS和质量管理人员进行交叉培训，使其具备跨领域的管理能力。例如，让EHS专家了解GMP要求，同时让质量管理人员学习EHS法规，有助于提高团队协作效率。

最后，应用信息技术支持融合。企业可以引入集成管理信息系统（IMS），实现EHS与质量管理数据的统一采集、分析和报告。例如，通过物联网（IoT）实时监测生产环境数据，将质量控制参数与环境监测数据结合，确保产品质量与生产安全同步优化。

3.3.3 融合的挑战与机遇

尽管EHS与质量管理体系的融合带来了诸多优势，但企业在实施过程中也会遇到一定的挑战。首先，组织结构的调整可能遇到内部阻力。EHS 和质量管理体系通常由不同部门管理，融合可能涉及职责调整、流程重构等，因此需要高层管理的支持和推动。

其次，平衡 EHS 与质量管理的专业深度是一个难题。EHS 关注的是环境、安全和职业健康，质量管理则专注于产品质量、工艺控制和客户要求。如何在融合过程中既保持各自的专业性，又避免各自独立运行，是企业需要重点解决的问题。

此外，整合管理体系可能增加管理复杂度。需要同时满足多个管理体系的要求，可能会导致流程更加复杂，因此企业需要合理设计体系架构，确保融合后的管理体系既高效又不增加不必要的负担。

然而，这些挑战也带来了新的机遇。成功的融合可以提高企业运营效率，减少重复性工作，优化资源配置。跨领域的协作可以促进管理和技术创新，推动企业在 EHS 和质量管理方面取得突破。更重要的是，融合的管理体系可以提升企业形象和竞争力，使企业在合规性、可持续发展、社会责任等方面获得更大优势。

3.3.4 案例分析

某跨国制药公司在全球范围内实施 EHS 与质量管理体系融合，以提高合规性和运营效率。该公司在全球拥有多个生产基地和研发中心，管理体系复杂，传统的 EHS 和质量管理各自独立，导致管理冗余和资源浪费。为解决这些问题，公司决定采用统一的管理框架，整合 EHS 与质量管理体系。

首先，公司成立了跨部门的融合管理小组，制定了基于 ISO 9001、ISO 14001 和 ISO 45001 的综合管理体系框架。然后，管理小组整合了文件控制、培训管理、内部审核等关键管理流程，减少了重复操作，提高了管理效率。此外，公司开发了综合风险评估工具，使 EHS 风险和质量风险能够统一识别和评估。

在融合过程中，公司还引入了信息化管理系统，实现数据共享和自动化分析。例如，环境监测数据可以与产品质量数据进行比对，以识别潜在风险。经过 27 个月的实施，公司成功实现了 EHS 与质量管理体系的融合，带来了多个积极影响：管理效率提升 20%、产品合规率提高 15%、员工参与度提升 30%，同时降低了运营成本。

3.3.5 未来展望

展望未来，EHS 与质量管理体系的融合将继续深化，并受到数字化和智能化技术的进一步推动。例如，人工智能（AI）和大数据分析将被广泛应用于 EHS 和质量管理，实现更智能的风险预测和管理决策。基于实时数据的智能分析系统将帮助企业提前识别质量偏差和 EHS 隐患，提高预防能力。此外，可持续发展理念将在未来的综合管理体系中发挥更大作用。例如，企业将更加关注产品全生命周期的环境影响，从原料采购、生产、运输到回收处理，全过程纳入 EHS 管理。另一个可能的趋势是管理体系的全球化与透明化。未来，制药企业可能更加重视利益相关者的参与，包括政府监管机构、供应商、消费者等，推动管理体系更加开放和透明。

总的来说，EHS 与质量管理体系的融合是制药企业提升运营效率、增强市场竞争力的必然趋势。企业需要积极面对这一变化，通过持续创新和优化管理体系，确保 EHS 和质量管理的协调发展，最终实现更加安全、合规和可持续的运营模式。

3.4 数字化时代的EHS管理体系创新

在数字化浪潮的推动下，制药行业的EHS管理体系正经历着深刻的变革。数字技术不仅为EHS管理带来了新的工具和方法，还重塑了整个管理流程和思维模式。本节将探讨数字化时代EHS管理体系的创新趋势、应用场景以及实施策略。

3.4.1 数字化转型的驱动因素

数字化时代的到来为EHS管理体系的创新提供了强大的动力。首先，数据的爆炸性增长使得企业能够获取和分析前所未有的海量信息，为决策提供更精准的依据。其次，物联网(IoT)技术的发展使得实时监测和远程控制成为可能，大大提高了EHS管理的及时性和精确性。此外，人工智能和机器学习的进步为风险预测和预防性维护开辟了新的途径。云计算和移动技术则使得EHS管理变得更加灵活和高效，能够突破地理和时间的限制。这些技术进步不仅提高了EHS管理的效率，还为解决传统管理中的痛点提供了新的思路。

3.4.2 数字化EHS管理的关键技术

在数字化EHS管理中，几项关键技术正在发挥越来越重要的作用。物联网技术通过各种传感器和智能设备，实现了对环境参数、设备状态和人员行为的实时监测。这些数据通过网络传输到中央系统，为管理决策提供实时、准确的信息基础。大数据分析技术能够从海量的EHS数据中挖掘出有价值的洞察，从而帮助识别潜在风险和改进机会。人工智能和机器学习算法可以基于历史数据进行预测分析，如预测设备故障、评估环境风险等，从而实现预防性维护和主动风险管理。虚拟现实(VR)和增强现实(AR)技术在安全培训和应急演练中的应用，则大大提高了培训的效果和参与度。这些技术的综合应用正在重塑EHS管理的方式和效果。

3.4.3 数字化EHS管理的应用场景

数字化技术在EHS管理中的应用场景十分广泛。在环境管理方面，智能监测系统可以实时监控废气、废水排放和能源消耗，并自动生成合规报告。当出现异常时，系统能够及时报警并启动应急预案。在职业健康管理中，可穿戴设备可以监测员工的生理指标和暴露情况，及时发现健康风险。在安全管理方面，智能视频分析系统可以识别不安全行为和状况，预防事故发生。此外，数字孪生技术可以创建工厂的虚拟模型，用于模拟各种安全场景和优化工艺流程。在应急管理中，移动应用和智能决策支持系统可以提供快速响应和协调能力。这些应用不仅提高了EHS管理的效率和效果，还为持续改进提供了数据支持。

3.4.4 数字化 EHS 管理体系的构建策略

构建数字化 EHS 管理体系需要系统性的方法和策略。首先，企业需要制定清晰的数字化转型战略，明确目标和路径。其次，需要建立统一的数据平台，整合来自不同来源的 EHS 数据，确保数据的一致性和可靠性。在此基础上，企业可以逐步构建智能分析和决策支持系统，实现从被动响应到主动预防的转变。同时，还需要注重人才培养，提升员工的数字化能力。此外，企业应该建立灵活的信息技术架构，以适应快速变化的技术环境。在实施过程中，采用敏捷的方法，通过小规模试点和快速迭代来逐步推进，可以有效降低风险和成本。最后，企业还需要重视数据安全和隐私保护，建立相应的管理制度和技术措施。

3.4.5 数字化 EHS 管理的挑战与对策

尽管数字化为 EHS 管理带来了巨大机遇，但同时也面临着一些挑战。首先是数据质量和一致性的问题，不同来源的数据可能存在格式不一致、精度不同等问题，需要建立统一的数据标准和质量控制机制。其次是技术与业务的融合问题，如何将先进技术与 EHS 管理实践有机结合，需要信息技术部门和 EHS 部门的紧密协作。此外，数据安全和隐私保护也是一个重要挑战，特别是在处理员工健康数据时，需要格外谨慎。为应对这些挑战，企业可以采取以下对策：建立跨部门的数字化转型团队，确保技术与业务的紧密结合；制定严格的数据治理政策，确保数据的质量和安全；加强员工培训，提高全员的数字化意识和能力；同时，积极与监管机构沟通，确保数字化实践符合法规要求。

3.4.6 未来展望

随着技术的不断进步，数字化 EHS 管理体系将迎来更多创新。人工智能和机器学习技术的进一步发展，将使得风险预测和决策支持更加智能化。5G（第五代移动通信）技术的普及将为实时监控和远程操作提供更强大的支持。区块链技术可能在供应链 EHS 管理中发挥重要作用，提高透明度和可追溯性。未来，我们可能会看到更多的自主系统，如智能机器人在高风险环境中执行检查和维护任务。同时，随着可持续发展理念的深入，数字化 EHS 管理将更多地关注碳足迹管理、循环经济等领域。总的来说，数字化将继续推动 EHS 管理向更加智能、精准和主动的方向发展，为制药企业创造更安全、更健康、更环保的生产环境。

3.5 总结

本章系统阐述了制药行业 EHS 管理体系的演进历程、特殊要求及创新发展，重点探讨了体系整合与数字化转型的实践路径，为读者提供了全新的管理体系构建思路和创新方法。

本章的框架如图 3-1 所示。

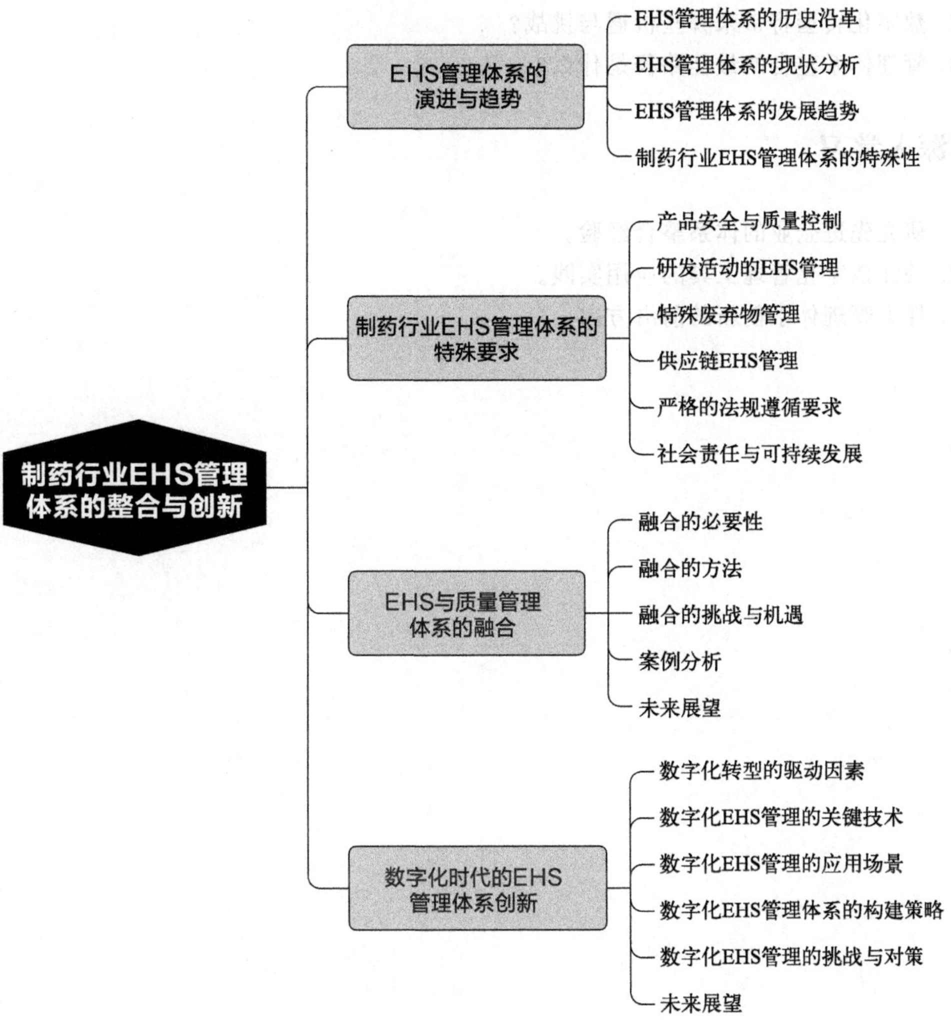

图 3-1　第 3 章内容框架

关键词

管理体系、体系融合、数字化转型、质量管理、特殊要求、创新发展、系统整合、持续改进、智能化升级、可持续发展。

关键启示

1. 管理体系整合是提升效能的必然选择。
2. 数字化转型将重塑 EHS 管理模式。
3. 创新与融合是体系发展的核心动力。

思考与展望

1. 如何实现 EHS 管理体系的本土化创新？

2. 数字化转型将带来哪些机遇与挑战？
3. 管理体系整合的最佳路径是什么？

建议深入学习

1. 研究先进企业的体系整合经验。
2. 关注数字化管理工具的应用实践。
3. 探索管理体系创新的前沿方向。

第二部分
制药环境保护前沿专题

制药过程带来的环境污染问题已引起全球广泛关注。本部分聚焦药源性污染物的环境行为、生态毒理学效应、新型处理技术等前沿议题，旨在帮助读者掌握制药行业污染控制的新技术与研究成果。读者将学习如何识别和应对药物复合污染、抗生素耐药性基因扩散，以及废水处理、大气污染控制与固体废物资源化的高效策略，为环境保护提供系统性、前瞻性的解决方案。

第4章

药源性污染物环境行为与生态毒理学

药源性污染物及其环境行为已成为全球关注的重要环境问题。本章将深入探讨药品及个人护理品（PPCPs）、抗生素耐药性基因（ARGs）等新污染物在环境中的行为特征、生态毒理效应及环境风险。

随着制药工业的快速发展，药源性污染物对生态环境的影响日益显著。理解这些污染物的环境行为、评估其生态毒理效应、探索有效的控制策略，已成为环境保护和制药行业可持续发展的重要课题。

本章将引导读者：

√ 认识 PPCPs 在环境中的迁移转化规律。

√ 了解 ARGs 的环境扩散机制与控制方法。

√ 掌握新兴药物污染物的生态毒理评估。

√ 探索药物复合污染的协同效应。

通过本章学习，读者将建立对药源性污染物环境行为的系统认知，为制药行业的环境管理提供科学依据。

4.1 PPCPs 在环境中的迁移转化机制

药品及个人护理品（pharmaceuticals and personal care products，PPCPs）作为新污染物，其环境迁移和转化机制近年来受到广泛关注。这一类物质涵盖了处方药、非处方药、诊断试剂、膳食补充剂、化妆品等。由于其广泛使用和排放途径的多样性，PPCPs 能够通过不同路径进入环境，并可能对生态系统和人类健康构成长期潜在威胁。PPCPs 进入环境后，在水体、土壤、大气及生物体之间发生复杂的迁移和转化，影响其环境持久性及生态效应。深入研究 PPCPs 的环境行为不仅有助于理解其环境归趋，还能为污染控制和环境管理提供理论支持。

4.1.1 PPCPs 的环境来源与输入途径

PPCPs 进入环境的来源较为复杂，包括人体和动物排泄、制药工业废水、医疗机构排放、生活垃圾不当处置、水产养殖以及个人护理品的日常使用等。人体和动物在使用药品后，部分未代谢或部分代谢的药物通过尿液和粪便排出，经污水系统最终进入地表水或地下水系统。制药厂在生产过程中可能释放高浓度的药物残留，如果污水处理不当，将直接导致水体污染。医疗机构（如医院和诊所）排放的废水同样是 PPCPs 进入环境的重要途径，特别是在抗生素和化学治疗药物的使用上，对微生物群落可能产生深远影响。此外，未使用或过期的药品如果被随意丢弃到垃圾填埋场或直接冲入下水道，也会导致 PPCPs 进入环境。水产养殖业中广泛使用的抗生素、抗寄生虫药和生长促进剂可能直接进入水体，并影响水生生态系统。个人护理品在日常使用过程中，如洗浴、游泳或皮肤接触水体，也可能导致 PPCPs 通过排水系统进入环境。由于这些来源的多样性，PPCPs 通过不同途径扩散到自然环境，包括城市污水处理厂出水、农业灌溉水、地表径流、地下水渗漏以及大气沉降等。

4.1.2 PPCPs 在环境介质中的分布

进入环境后，PPCPs 主要分布在水体、土壤、沉积物、大气和生物体内。水体是 PPCPs 主要的赋存介质，由于其较高的水溶性，许多 PPCPs 能够随水流进行长距离迁移，并在不同水体间循环。有些 PPCPs 可吸附在水中悬浮颗粒物上，最终沉积到底泥中，进而影响底栖生物的生存环境。在污水灌溉或污泥施用的情况下，PPCPs 可能进入土壤，并在其中发生吸附、解吸或渗透过程，影响地下水质量。某些 PPCPs 由于其亲脂性较高，会优先富集在土壤或沉积物中，表现出较强的环境持久性。此外，部分 PPCPs 可能进入大气，尤其是那些挥发性较高的化合物，例如香水和某些防晒剂，它们可能通过空气扩散进入更远的区域。PPCPs 还可能在生物体内累积，通过生物富集作用沿食物链传递，对生态系统和人类健康产生影响。其分布特征主要受其理化性质（如水溶性、辛醇-水分配系数、解离常数等）、环境条件（如 pH、温度、有机质含量）以及环境过程（如吸附、沉降、生物吸收等）的影响。

4.1.3 PPCPs 在环境中的迁移过程

PPCPs 进入环境后，可通过多种机制发生迁移扩散。对流输送是基本的迁移方式，即 PPCPs 随水流、气流等介质的整体运动而扩散，在河流、地下水或空气中进行长距离传播。扩散过程主要是浓度梯度的存在，使得 PPCPs 从高浓度区域向低浓度区域迁移的现象，这在静止或缓慢流动的水体中尤为重要。吸附-解吸过程也对 PPCPs 的环境行为起决定性作用，某些化合物容易被土壤和沉积物吸附，其他一些则倾向于溶解在水相中，影响其环境持久性。此外，某些挥发性较高的 PPCPs 可通过气-水或气-土界面进入大气，从而发生二次扩散，影响更大范围的生态环境。在水体中，颗粒物吸附的 PPCPs 可能经历沉降—再悬浮过程，受水动力影响，其在水体和沉积物间的交换可能导致长期污染。生物体也可能成为 PPCPs 的重要迁移介质，例如水生生物体内的 PPCPs 可能随着生物迁徙而传播至远离污染源的区域，进而进入更广泛的食物链。

4.1.4 PPCPs在环境中的转化机制

PPCPs进入环境后，不仅发生迁移，还可能经历各种转化过程，这些转化过程可导致其降解或生成新的中间产物。光化学降解是表层水体中PPCPs的重要降解途径，在太阳光照射下，某些PPCPs可能发生直接光解，或通过生成的活性氧物种（如羟基自由基）发生间接光降解。生物降解是PPCPs在环境中消除的另一主要途径，微生物可利用某些PPCPs作为碳源和能源，从而导致其降解。生物降解的效率受微生物群落结构、温度、pH和溶解氧等因素的影响。化学降解过程，如氧化还原反应和水解，也可能对某些PPCPs的去除起到关键作用。例如，在厌氧条件下，某些PPCPs可能发生还原脱卤反应，而β-内酰胺类抗生素在水解过程中会降解为无活性的代谢产物。不同环境介质和条件下，这些转化过程的贡献比例不同。例如，在地表水体中光化学降解可能较快，而在地下水或沉积物中，生物降解和化学降解可能更为重要。

4.1.5 影响PPCPs环境行为的关键因素

PPCPs在环境中的行为受到多个因素的综合影响，其固有的理化性质（如水溶性、亲脂性、解离常数）决定了其在环境中的分配方式。环境条件（如pH、温度、氧化还原状态等）会进一步影响其迁移和降解过程。例如，pH影响某些PPCPs的离子化状态，从而改变其在水-土壤系统中的吸附能力。有机质含量较高的土壤和沉积物通常对PPCPs具有更强的吸附能力，水动力条件则决定了PPCPs在不同介质间的扩散速率。

4.1.6 PPCPs环境行为研究方法

研究PPCPs在环境中的行为需要综合运用实验室模拟、现场监测和建模分析等方法。实验室模拟通过控制变量来研究PPCPs的吸附、降解等行为，现场监测则提供了其在实际环境中的时空分布数据。同位素示踪技术可用于追踪PPCPs在环境中的迁移路径，数学模型则可以预测其长期行为，为污染控制和风险评估提供理论支持。这些研究方法的结合将有助于揭示PPCPs在环境中的归趋，并为相关管理措施的制定提供科学依据。

4.2 抗生素耐药性基因的环境扩散与控制

抗生素耐药性基因（ARGs）的环境扩散已成为全球公共健康与生态安全的严峻挑战。医疗、畜牧和水产养殖废水等是主要污染源，ARGs可通过水体、土壤、空气及食物链传播，加速耐药菌扩散。环境因素如温度、pH值和微生物群落影响其持久性，而水平基因转移使ARGs在微生物间迅速传播。高通量测序、定量聚合酶链反应（qPCR）等技术提升了监测能力，但控制ARGs仍需源头减排、污水处理优化和“同一健康（One Health）”协同治理。本节探讨 ARGs 的来源、迁移机制及控制策略，为环境管理提供科学依据。

4.2.1　ARGs 的环境来源与扩散途径

4.2.1.1　主要来源

ARGs 在环境中的来源多样。医疗废水是一个重要的来源，因为医院和诊所使用大量抗生素，导致耐药菌和 ARGs 的产生。由于在动物饲养中广泛使用抗生素，畜牧业废弃物也是 ARGs 的主要来源之一。水产养殖业同样贡献了大量的 ARGs，特别是在集约化养殖模式下。城市污水系统汇集了家庭和商业区的废水，也成为 ARGs 的重要储存库。此外，农业径流中可能含有来自施用抗生素或含 ARGs 粪肥的残留物，进一步增加了环境中 ARGs 的负荷。

4.2.1.2　扩散途径

ARGs 通过多种途径在环境中扩散。水流是主要的传播媒介，河流和地下水系统可以将 ARGs 快速传播到广大区域。空气传播也是一个不容忽视的途径，特别是在城市环境中，空气颗粒物可能携带 ARGs。土壤迁移是另一个重要的扩散途径，ARGs 可以通过土壤颗粒的移动或被植物吸收而传播。食物链传递则是 ARGs 进入人类社会的关键途径，通过污染的农作物或动物产品，ARGs 可以最终到达人类消费者。

4.2.2　ARGs 在不同环境介质中的行为

4.2.2.1　水环境

在水环境中，ARGs 表现出复杂的行为模式。表面水体（如河流和湖泊）是 ARGs 传播的主要媒介，其中 ARGs 的浓度和种类与周围人类活动强度密切相关。地下水虽然受到的直接污染较少，但一旦被 ARGs 污染，由于其流动缓慢和自净能力有限，ARGs 可能会长期存在。有关海洋环境中 ARGs 的研究相对较少，但近年来的研究表明，沿海地区和河口区域的 ARGs 污染问题日益严重，这可能与陆地污染物的输入有关。

4.2.2.2　土壤环境

土壤是 ARGs 的重要储存库。农业土壤由于长期施用含抗生素的粪肥而成为 ARGs 的主要宿主。城市土壤中的 ARGs 水平往往与人类活动强度和污水处理设施的效率有关。值得注意的是，即使在自然保护区的土壤中也能检测到 ARGs，这表明 ARGs 的传播范围之广。土壤中的 ARGs 可以通过多种途径进入食物链，如被植物吸收或被土壤动物摄入，这为 ARGs 的进一步传播提供了可能。

4.2.2.3　大气环境

大气环境中的 ARGs 近年来受到越来越多的关注。城市空气中的 ARGs 浓度通常高于农村地区，这与人口密度和人类活动强度有关。室内空气中的 ARGs 水平不容忽视，特别是在医院等特殊环境中。研究发现，颗粒物（尤其是 $PM_{2.5}$）可能是 ARGs 在空气中传播的重要载体。这意味着空气污染不仅直接危害人体健康，还可能加剧抗生素耐药性的传播。

4.2.3 影响 ARGs 环境持久性的因素

4.2.3.1 生物因素

微生物群落结构对 ARGs 的环境持久性有重要影响。一个多样化的微生物群落可能会增加 ARGs 的传播机会，但也可能通过竞争效应限制携带 ARGs 的特定菌株的生长。基因水平转移，特别是通过质粒、转座子等移动遗传元件的传递，是 ARGs 在不同细菌间传播的关键机制。生物膜的形成为 ARGs 的长期存在提供了有利条件，因为生物膜可以保护细菌免受环境压力，并促进基因交换。

4.2.3.2 物理化学因素

温度是影响 ARGs 环境持久性的重要因素，高温通常会加速 DNA 的降解，但也可能促进某些耐热菌的生长。pH 值影响细菌的生存和基因表达，进而影响 ARGs 的稳定性。环境中的有机质可能为携带 ARGs 的微生物提供营养，延长其存活时间。此外，环境中残留的低浓度抗生素可能持续选择耐药菌，维持 ARGs 的存在。

4.2.3.3 气候因素

全球变暖可能改变微生物群落结构，影响 ARGs 的传播模式。例如，温度升高可能会增强某些携带 ARGs 病原菌的生存能力并加快其繁殖速度。极端天气事件，如洪水和干旱，可能会改变 ARGs 的地理分布，将它们带到新的环境中。这种全球尺度的变化为 ARGs 的控制带来了新的挑战，需要我们在制定管理策略时考虑气候因素的影响。

4.2.4 ARGs 的检测与监测技术

4.2.4.1 传统方法

培养法是最传统的 ARGs 检测方法，通过在含抗生素的培养基上培养细菌来筛选耐药菌株。这种方法直观但耗时，且无法检测不可培养的微生物。聚合酶链反应（PCR）技术的应用大大提高了 ARGs 检测的特异性和灵敏度，使得快速检测特定 ARGs 成为可能。然而，传统 PCR 方法难以进行定量分析，这限制了其在环境样本中的应用。

4.2.4.2 新兴技术

高通量测序技术的发展推动了 ARGs 的研究。它允许研究人员全面了解环境样本中的 ARGs 谱，包括未知或新型的耐药基因。宏基因组学分析进一步扩展了对环境中 ARGs 的认知，使得研究整个微生物群落中的 ARGs 成为可能。实时定量 PCR（qPCR）技术的进步使得快速、准确地量化特定 ARGs 成为现实。最近，便携式检测设备的开发为现场快速检测 ARGs 提供了可能性，这对于环境监测和公共卫生应急响应具有重要意义。

4.2.4.3　数据分析与解释

随着检测技术的进步，产生了大量的数据，这需要先进的生物信息学方法来处理和解释。开发准确的数据分析流程和算法成为 ARGs 研究的一个重要方向。同时，如何将这些详细的基因组数据转化为可操作的环境管理策略，仍是一个需要深入研究的问题。风险评估模型的开发也变得越来越重要，这些模型需要整合 ARGs 的丰度、传播潜力和潜在健康影响等多方面因素。

4.2.5　ARGs 的环境控制策略

4.2.5.1　源头控制

控制 ARGs 的环境扩散，源头控制是最有效的策略之一，主要包括严格管理抗生素的使用，特别是在医疗和农业领域。推广抗生素替代疗法，如使用疫苗、益生菌等，可以减少抗生素的使用量。在畜牧业中，改善动物饲养条件和卫生管理，可以降低使用抗生素的需求。此外，提高公众对抗生素耐药性问题的认识，促进负责任的抗生素使用，也是源头控制的重要组成部分。

4.2.5.2　废水处理技术

改进废水处理技术是控制 ARGs 环境扩散的关键。传统的活性污泥法对 ARGs 的去除效果有限，因此需要开发新的处理方法。高级氧化技术，如臭氧处理和紫外线（UV）辐照，已被证明能有效降解 ARGs。膜过滤技术，特别是纳滤和反渗透，可以有效去除水中的 ARGs 和耐药菌。然而，这些先进技术的高成本和能耗问题仍有待解决，以便在大规模应用中实现可持续性。

4.2.5.3　环境修复

对于已经受到 ARGs 污染的环境，需要采取适当的修复措施。生物修复技术，如使用特定的微生物或植物来降解或吸收 ARGs，是一种有前景的方法。物理化学处理方法，如土壤热处理或化学氧化，也可用于严重污染区域的修复。然而，这些方法的生态影响需要仔细评估，以避免对环境造成二次污染。

4.2.5.4　政策与管理措施

有效的政策和管理措施对控制 ARGs 的环境扩散至关重要。这包括制定和实施严格的法规，限制抗生素的使用和 ARGs 的排放。国际合作在应对这一全球性问题中扮演着重要角色，需要建立全球监测网络和数据共享平台。公众教育也是管理策略的重要组成部分，提高社会各界对 ARGs 问题的认识，促进负责任的行为。

4.2.6　社会经济因素对 ARGs 扩散的影响

4.2.6.1　经济发展水平

经济发展水平对 ARGs 的环境扩散有显著影响。发达国家通常有更完善的废水处理系统和更严格的抗生素使用管理，这有助于控制 ARGs 的扩散。然而，高消费水平也可能导致更多的抗生素使用。相比之下，发展中国家面临的挑战更大，包括基础设施不完善和监管体系薄弱。城市化进程也是一个重要因素，快速城市化可能导致环境卫生设施跟不上人口增长，增加 ARGs 污染风险。

4.2.6.2 医疗卫生条件

医疗系统的完善程度直接影响 ARGs 的产生和扩散。在医疗资源充足的地区，通常有更好的抗生素管理计划和感染控制措施。然而，抗生素的可及性是一把双刃剑。在一些地区，抗生素的滥用和误用仍然普遍存在，这加剧了 ARGs 的产生。因此，平衡抗生素的可及性和合理使用是一个复杂的挑战。

4.2.6.3 农业生产模式

农业生产模式对 ARGs 的环境扩散有重大影响。集约化养殖通常伴随着抗生素的大量使用，这直接导致了农业环境中 ARGs 的积累。相比之下，有机农业限制了抗生素的使用，可能有助于减少 ARGs 的产生。然而，转向可持续农业实践需要考虑经济可行性和食品安全等多方面因素。

4.2.6.4 环境管理政策

环境管理政策在控制 ARGs 扩散中起着关键作用。严格的污染物排放标准可以有效减少 ARGs 进入环境的数量。建立全面的环境监测体系对于了解 ARGs 的环境动态至关重要。然而，政策的制定和实施往往受到经济压力和利益相关者影响，需要平衡环境保护和经济发展的需求。

4.2.7 “One Health”理念在 ARGs 控制中的应用

4.2.7.1 跨部门协作

“One Health”理念强调人类健康、动物健康和环境健康的密切联系。在 ARGs 控制中，这意味着需要医疗、兽医和农业部门的紧密协作。例如，统一管理人用和兽用抗生素，协调制定使用指南。环保部门的参与也至关重要，其负责监测和管理环境中的 ARGs。这种跨部门合作可以确保采取全面的方法来应对 ARGs 问题。

4.2.7.2 综合监测系统

建立综合监测系统是践行“One Health”理念的关键。这包括对人类、动物和环境样本进行整合分析，以全面了解 ARGs 的传播动态。建立数据共享平台，使不同部门和地区的研究人员能够交换信息，对于及时发现新的耐药问题至关重要。这种综合监测不仅有助于了解 ARGs 的整体情况，还能为政策制定提供科学依据。

4.2.7.3 多学科研究方法

应对 ARGs 问题需要多学科的研究方法。微生物学、流行病学和环境科学的结合可以提供对 ARGs 传播机制的全面理解。例如，微生物学研究可以揭示 ARGs 的分子机制，流行病学可以追踪其传播路径，环境科学则可以评估其在不同生态系统中的行为。此外，社会科学在政策制定中的作用不容忽视。了解人类行为、经济因素和文化背景对 ARGs 传播的影响，可以帮助制定更有效的管理策略。例如，研究不同群体对抗生素使用的态度和行为，可以帮助设计更有针对性的公共教育计划。

4.2.8　未来研究方向与挑战

4.2.8.1　新型 ARGs 的发现与特征分析

随着测序技术的进步，我们有能力从环境微生物组中发现新的潜在 ARGs。这些新发现的 ARGs 可能来自尚未被培养的微生物，或者是已知耐药基因的变异形式。对这些新型 ARGs 进行特征分析，包括其功能、传播能力和潜在风险，是未来研究的重要方向。此外，深入研究新型耐药机制也至关重要。例如，近年来发现的一些新型耐药机制，如细菌通过产生特殊酶来修饰抗生素靶点，为开发新的抗生素和抑制剂提供了思路。

4.2.8.2　ARGs 的长期演变过程

了解 ARGs 在环境中的长期演变过程是一个具有挑战性但非常重要的研究方向。这包括研究环境压力（如抗生素残留、重金属污染等）如何影响 ARGs 的突变和适应。例如，低剂量抗生素长期存在可能导致耐药性缓慢但持续的增强。另一个值得关注的研究方向是耐药性的可逆性，例如在抗生素压力消除后，ARGs 是否会随时间减少。这种可能的“耐药性消退”过程对于制定长期的 ARGs 管理策略具有重要意义。

4.2.8.3　ARGs 与其他环境污染物的相互作用

ARGs 在环境中并不是孤立存在的，它们与其他污染物的相互作用是一个值得深入研究的领域。例如，重金属污染与 ARGs 之间的协同选择效应已经引起了研究者的注意。一些研究表明，重金属可能会选择携带同时具有重金属和抗生素耐受性质粒的细菌，从而间接促进 ARGs 的传播。另一个新兴的研究热点是微塑料作为 ARGs 载体的潜在作用。微塑料可能吸附携带 ARGs 的细菌或游离 DNA，并在环境中长距离传播。了解这些复杂的相互作用对于全面评估和管理环境中的 ARGs 风险至关重要。

4.2.8.4　创新控制技术的开发

面对 ARGs 带来的挑战，开发创新的控制技术成为一个重要的研究方向。CRISPR/Cas 系统在 ARGs 靶向清除中的应用是一个充满前景的领域。这种基因编辑技术可能用于特异性地切除细菌中的 ARGs，而不影响其他基因。然而，如何在复杂的环境中安全有效地应用这项技术仍需深入研究。纳米材料在水处理中的应用也显示出巨大潜力。例如，一些纳米材料具有选择性吸附或降解 ARGs 的能力，可能用于改进现有的水处理技术。此外，合成生物学在环境修复中的应用也是一个新兴的研究方向。设计能够特异性降解 ARGs 或抑制其表达的工程微生物，可能为污染场地的生物修复提供新的工具。

总的来说，ARGs 的环境扩散与控制是一个复杂的跨学科研究领域，需要持续的创新和多方面的努力。未来的研究不仅要关注技术层面的突破，还需要考虑这些新技术在实际应用中的可行性、安全性和社会接受度。同时，加强国际合作，建立全球性的 ARGs 监测和管理体系，对于有效应对这一全球性挑战至关重要。

4.3 新兴药物污染物的生态毒理效应

随着药物使用量的增长，环境中新兴药物污染物的检出率不断上升。由于污水处理技术的局限性，许多药物及其代谢产物难以被完全去除，导致其在生态系统中的累积，并可能通过食物链传播。新兴药物污染物的生态毒理效应涉及多种生物个体、种群及生态系统功能，影响生物体的生长、生殖、行为和群落结构。本节将探讨其分类、环境分布、生态毒性作用及长期风险，并提出污染控制策略。

4.3.1 新兴药物污染物概述

4.3.1.1 定义与分类

新兴药物污染物指近年来在环境中广泛检出，或因其生态风险受到关注的药物及其代谢产物。这些污染物主要包括抗生素、非甾体抗炎药（NSAIDs）、激素类药物、抗抑郁药、抗癫痫药等。由于这些药物在人体和动物体内代谢不完全，部分活性成分通过尿液和粪便进入环境，形成长期存在的污染源。

4.3.1.2 环境来源与分布

新兴药物污染物的主要来源包括医疗机构废水、制药企业排放、城市污水处理厂出水以及农业畜牧业废弃物。由于污水处理厂对部分药物的去除率有限，这些物质可通过地表径流、地下水渗透、大气沉降等途径在环境中扩散。目前，在河流、湖泊、地下水、沉积物甚至饮用水中均能检测到药物污染物，其浓度范围从 ng/L 到 μg/L 不等，并可能通过食物链向高营养级生物富集。

4.3.2 生态毒理学效应评估方法

4.3.2.1 急性毒性测试

急性毒性测试用于评估短期高浓度药物暴露对生物体的影响，常用水蚤、斑马鱼和藻类为实验对象，测定半数致死浓度（LC_{50}）和半数效应浓度（EC_{50}）。这类实验可快速筛选高毒性化合物，为进一步风险评估提供基础数据。

4.3.2.2 慢性毒性测试

由于药物污染物通常以低浓度形式长期存在，慢性毒性测试更能揭示其生态风险。此类研究关注药物对生物生长、繁殖、发育及行为的长期影响，常用实验包括 21 天大型蚤繁殖试验和鱼类全生命周期试验。研究发现，某些药物可能影响内分泌系统，导致鱼类雄性个体雌性化，甚至影响种群结构。

4.3.2.3　生物标志物研究

生物标志物可反映生物体对药物污染物的生理和生化响应，如酶活性变化、氧化应激水平差异、基因表达改变。例如，抗抑郁药物可能影响鱼类血清素转运体基因的表达，从而影响其神经系统功能。

4.3.2.4　组学技术在生态毒理学中的应用

随着高通量分析技术的发展，转录组学、蛋白质组学和代谢组学已广泛应用于新兴药物污染物的生态毒理学研究。转录组学可分析基因表达变化，蛋白质组学可揭示生物体对药物胁迫的响应，而代谢组学可评估药物对整体代谢网络的影响。这些方法为毒性机制研究提供了新的视角。

4.3.3　典型新兴药物污染物的生态毒理效应

4.3.3.1　抗生素

抗生素不仅对非靶标水生生物产生毒性效应，还可能促进环境微生物耐药性的传播。例如，四环素类抗生素可抑制藻类光合作用，影响水生生态系统的初级生产力；氟喹诺酮类抗生素可能影响鱼类骨骼发育，并改变水体微生物群落结构。

4.3.3.2　非甾体抗炎药

非甾体抗炎药（NSAIDs）如布洛芬、双氯芬酸在环境中广泛存在，可导致鱼类肾脏损伤，并影响水生无脊椎动物的繁殖。研究发现，双氯芬酸与印度秃鹫种群锐减存在关联，表明 NSAIDs 可能对野生动物造成严重生态影响。

4.3.3.3　激素类药物

环境中的雌激素即使在 ng/L 级别也可能导致鱼类雄性个体雌性化，引发种群性别比例失衡。此外，激素污染可能通过食物链传播，对高营养级生物产生长期影响。

4.3.3.4　精神类药物

抗抑郁药和抗焦虑药可能改变水生生物的行为。例如，氟西汀可影响鱼类的攻击性、繁殖行为和觅食能力，进而影响食物网平衡。

4.3.4　生态系统水平的影响评估

4.3.4.1　群落结构变化

长期低浓度药物污染可能降低水体微生物多样性，影响初级生产者和分解者的生态功能，从而改变整个食物网结构。

4.3.4.2　生态系统功能影响

药物污染可能干扰生态系统的关键过程，如抗生素抑制硝化细菌的活性，影响氮循环；

NSAIDs可能抑制藻类光合作用，降低水体初级生产力。

4.3.4.3 食物网传递与生物富集

部分药物可通过食物链积累，在高营养级生物体内富集，如抗生素和抗抑郁药在鱼类和鸟类中的积累，可能对野生动物产生深远影响。

4.3.5 减缓策略与未来展望

4.3.5.1 源头控制与绿色药学

减少药物污染的关键在于合理用药、减少不必要的抗生素使用，并推广绿色药学理念，开发更易降解的环保药物。

4.3.5.2 废水处理技术的改进

传统的活性污泥法对许多药物的去除效率不高，采用高级氧化工艺（AOPs)、膜分离技术和生物降解技术可提高药物去除率，减少其进入环境的风险。

4.3.5.3 环境监测与风险评估体系的完善

建立高灵敏度的药物检测方法，完善生态毒理学评估体系，并利用大数据分析药物污染的长期风险，可提高环境管理能力。

4.3.5.4 政策法规与公众教育

制定更严格的药物环境管理政策，建立药品回收制度，提高公众环保意识，将有助于减少药物污染物的环境排放。

4.3.5.5 跨学科研究与国际合作

推动环境毒理学、绿色制药和污染治理技术的融合，加强国际合作，建立全球性监测网络，有助于提升新兴药物污染物的治理效率。

4.4 环境中药物复合污染的协同效应研究

环境中的药物污染通常不是单一污染物的作用，而是多种药物及其代谢产物的共同存在。这种复合污染可能导致比单一药物更强的生态影响，包括相加、协同、拮抗或势效应。目前，在地表水、地下水、土壤及饮用水中均能检测到多种药物混合物，但其协同作用机制及生态风险尚未完全明确。研究药物复合污染的协同效应对于环境风险评估、污染控制及政策制定具有重要意义。本节将探讨复合污染的现状、效应类型、研究方法、典型案例及控制策略。

4.4.1　复合污染概述

4.4.1.1　环境中药物复合污染的现状

研究表明，水环境中的药物污染物通常以混合物的形式存在。例如，欧洲多条河流的监测显示，单一水样中可检测出 30 种以上的药物，包括抗生素、非甾体抗炎药、激素类药物等。这种复合污染的产生主要源于污水处理厂的出水、医疗废水、农业养殖废水及生活污水。由于现有污水处理技术难以完全去除所有药物，其复合污染的环境影响逐渐成为生态毒理学研究的热点。

4.4.1.2　复合效应的类型

药物复合污染可能产生不同类型的相互作用。相加效应指混合物的毒性等于各污染物的毒性简单累加；协同效应指混合物的整体毒性大于单一物质作用的总和；拮抗效应则表现为混合物的毒性低于单一药物的叠加作用；势效应则指某些药物增强了其他药物的毒性，而自身未表现明显毒性。由于不同药物间的复杂相互作用，单一污染物的毒性评估可能无法准确预测复合污染的环境影响。

4.4.2　复合效应的研究方法

4.4.2.1　实验设计策略

研究药物复合污染的协同效应需要采用科学的实验设计策略，包括全因子实验、部分因子实验、固定比例射线设计及等效线设计等。全因子实验可全面分析不同药物组合的影响，但实验量大；部分因子实验通过筛选代表性组合以降低实验复杂度；固定比例射线设计依据环境中药物的实际浓度进行配比；等效线设计则关注不同浓度比例下的效应变化。这些策略可根据具体研究需求选择，以提高研究效率和环境相关性。

4.4.2.2　数学模型与预测方法

为量化药物复合效应，常用数学模型包括浓度加和模型（CA）、独立作用模型（IA）、混合参考模型及等效毒性单位法（TEQ）。CA 适用于具有相似作用机制的药物，IA 适用于作用机制不同的药物，混合参考模型结合了二者的特点，TEQ 则将多种药物的毒性换算为某一参考化合物的等效浓度。这些方法为预测环境中药物复合污染的潜在风险提供了重要工具。

4.4.2.3　高通量筛选技术

随着技术发展，高通量筛选技术开始在复合效应研究中发挥重要作用。微流控芯片技术可用于快速评估药物混合物对细胞和微生物的影响，报告基因生物传感器可用于检测特定毒性终点，代谢组学方法可揭示混合物对生物体整体代谢的影响。这些技术能够提供更全面的毒性机制信息，提高药物复合污染的风险评估效率。

4.4.3 典型药物复合污染的协同效应案例

4.4.3.1 抗生素复合污染

抗生素混合物在环境中广泛存在，研究发现四环素与磺胺类抗生素混合后对藻类的生长抑制作用表现出协同效应。这可能是由于两类抗生素共同抑制细菌生长，间接影响藻类生存。此外，β-内酰胺类与氨基糖苷类抗生素的组合对水生生物的毒性则表现出拮抗效应，可能是因其相互作用影响了药物的生物利用度。

4.4.3.2 非甾体抗炎药与其他药物的相互作用

布洛芬与双氯芬酸的混合物可导致斑马鱼胚胎畸形率上升，表现出协同毒性。而当NSAIDs与β受体阻滞剂（如普萘洛尔）共存时，其对水蚤的繁殖影响呈现浓度依赖性，在低浓度时表现为协同效应，高浓度时则表现为拮抗效应。这种相互作用模式表明，环境药物混合物的毒性可能随浓度变化而有所不同。

4.4.3.3 激素类药物的复合效应

研究表明，天然雌激素（如雌二醇）与合成雌激素（如炔雌醇）的混合物通常表现为相加效应，而当其与抗雄激素药物（如氟他胺）共同存在时，可能表现出超相加的协同效应。例如，雌二醇和氟他胺混合后对鱼类性腺发育的抑制作用显著增强，表明其可能通过不同机制共同干扰性激素调控。

4.4.4 复合效应评估在环境风险管理中的应用

4.4.4.1 改进风险评估方法

由于复合污染的复杂性，传统的单一物质风险评估方法难以准确反映环境实际情况。未来的研究需要发展基于作用机制的分组方法，建立综合毒性指数，并利用概率风险评估方法预测药物混合物的生态影响。例如，欧盟已在水框架指令中引入混合物评估因子（MAF），以更准确地评估环境污染物的复合效应。

4.4.4.2 制定管理策略和政策

基于复合效应研究结果，可制定更科学的污染控制政策，如建立优先控制药物清单、修订排放标准、鼓励环境友好型药物开发，并在医疗实践中优化药物使用方案。例如，瑞典已将药物的环境影响纳入处方决策，减少高风险药物的使用。

4.4.4.3 改进废水处理技术

针对药物复合污染，可优化污水处理技术，如采用多级处理工艺、高级氧化技术（臭氧氧化、光催化）、生物强化及新型吸附材料。例如，活性炭吸附结合臭氧氧化可显著提高多种药物混合物的去除率。

4.4.5　未来研究方向与挑战

4.4.5.1　方法学的发展

随着复合污染物研究的不断深化，现有的分析方法已难以应对复杂样本中的多种污染物。未来，需要开发更高效的高通量筛选系统，能够同时检测和量化多个污染物，尤其是那些在环境中浓度极低但具有潜在危害的药物成分。同时，原位监测技术也需要不断提升，以实时反映污染物的变化趋势，从而为环境治理提供及时的数据支持。多组学整合分析将成为一种重要的研究手段，结合代谢组学、转录组学、蛋白质组学等数据，可以深入揭示药物复合污染对生物体的多维度影响。计算毒理学模型也将在此过程中发挥越来越重要的作用，利用人工智能、大数据等技术精准预测环境中药物复合污染的毒性效应，为环境风险评估提供更加科学的依据。

4.4.5.2　生态系统水平的研究

未来的研究应从宏观的生态系统角度出发，注重中尺度生态系统实验的开展，尤其是在不同地理区域、不同生态背景下药物复合污染的表现。食物网动力学研究将在揭示药物污染物如何通过食物链进行传递和积累方面发挥关键作用。理解不同物种间的相互作用以及它们对药物污染的适应机制，对于预测污染物在生态系统中的长期影响具有重要意义。此外，生态系统服务功能评估也将成为研究重点之一，通过定量评估药物污染对生态功能（如水质净化、土壤肥力等）的影响，能够为环境保护政策的制定提供科学依据。

4.4.5.3　新污染物与传统污染物的相互作用

随着纳米技术和合成材料的发展，新污染物如纳米药物、微塑料等逐渐进入环境。未来的研究应着重于新污染物与传统污染物（如重金属、农药等）之间的相互作用，尤其是在复杂环境条件下的联合毒性效应。例如，纳米药物的表面性质和粒径大小可能会影响其与其他污染物的相互作用，从而影响其毒性表现。微塑料与药物的相互作用，可能导致药物的释放速率、稳定性或生物可用性发生变化，进而增加环境中药物污染的风险。因此，如何评估这些新污染物与传统污染物在多重污染环境下的协同效应，以及它们对生态系统的长远影响，是未来研究的重要方向。

4.5　总结

本章系统阐述了药源性污染物的环境行为特征、生态毒理学效应及其评估方法，重点探讨了 PPCPs 迁移转化、ARGs 扩散控制、新污染物毒理效应和复合污染协同作用等关键科学问题。

本章的框架如图 4-1 所示。

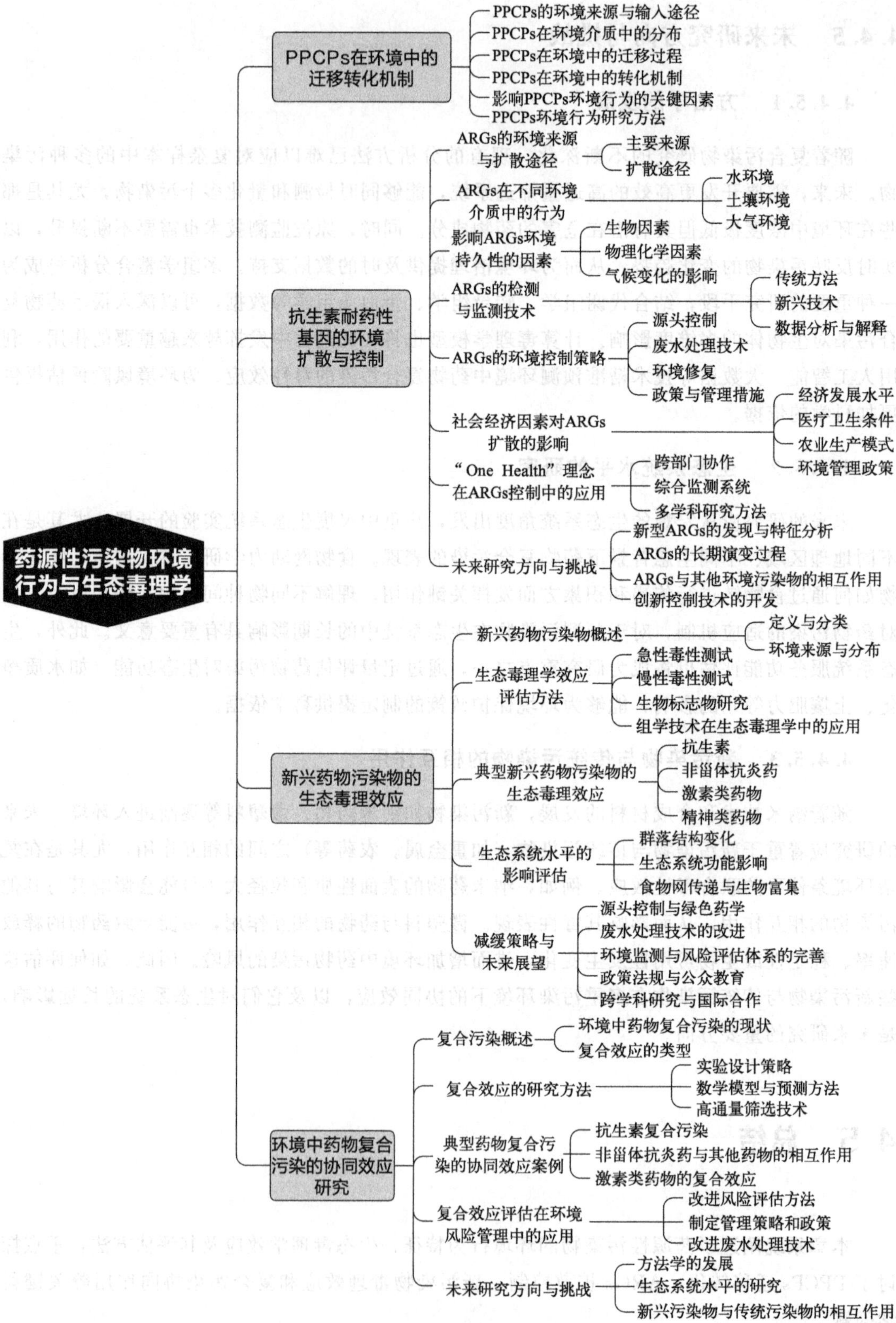
药源性污染物环境行为与生态毒理学
PPCPs在环境中的迁移转化机制
PPCPs的环境来源与输入途径
PPCPs在环境介质中的分布
PPCPs在环境中的迁移过程
PPCPs在环境中的转化机制
影响PPCPs环境行为的关键因素
PPCPs环境行为研究方法
抗生素耐药性基因的环境扩散与控制
ARGs的环境来源与扩散途径
主要来源
扩散途径
ARGs在不同环境介质中的行为
水环境
土壤环境
大气环境
影响ARGs环境持久性的因素
生物因素
物理化学因素
气候变化的影响
ARGs的检测与监测技术
传统方法
新兴技术
数据分析与解释
ARGs的环境控制策略
源头控制
废水处理技术
环境修复
政策与管理措施
社会经济因素对ARGs扩散的影响
经济发展水平
医疗卫生条件
农业生产模式
环境管理政策
“One Health”理念在ARGs控制中的应用
跨部门协作
综合监测系统
多学科研究方法
未来研究方向与挑战
新型ARGs的发现与特征分析
ARGs的长期演变过程
ARGs与其他环境污染物的相互作用
创新控制技术的开发
新兴药物污染物的生态毒理效应
新兴药物污染物概述
定义与分类
环境来源与分布
生态毒理学效应评估方法
急性毒性测试
慢性毒性测试
生物标志物研究
组学技术在生态毒理学中的应用
典型新兴药物污染物的生态毒理效应
抗生素
非甾体抗炎药
激素类药物
精神类药物
生态系统水平的影响评估
群落结构变化
生态系统功能影响
食物网传递与生物富集
减缓策略与未来展望
源头控制与绿色药学
废水处理技术的改进
环境监测与风险评估体系的完善
政策法规与公众教育
跨学科研究与国际合作
环境中药物复合污染的协同效应研究
复合污染概述
环境中药物复合污染的现状
复合效应的类型
复合效应的研究方法
实验设计策略
数学模型与预测方法
高通量筛选技术
典型药物复合污染的协同效应案例
抗生素复合污染
非甾体抗炎药与其他药物的相互作用
激素类药物的复合效应
复合效应评估在环境风险管理中的应用
改进风险评估方法
制定管理策略和政策
改进废水处理技术
未来研究方向与挑战
方法学的发展
生态系统水平的研究
新兴污染物与传统污染物的相互作用

图 4-1 第 4 章内容框架

关键词

药源性污染物、环境行为、生态毒理、抗生素耐药性、PPCPs、迁移转化、复合效应、环境风险、毒理评估、污染控制。

关键启示

1. 药源性污染物的环境行为呈现复杂性和多样性。
2. 系统性评估方法对污染控制至关重要。
3. 多学科交叉研究是未来发展趋势。

思考与展望

1. 如何建立更完善的环境风险评估体系？
2. 如何评估新污染物的长期生态效应？
3. 协同控制策略的优化方向是什么？

建议深入学习

1. 跟踪国际前沿研究进展。
2. 掌握先进的评估方法和技术。
3. 关注典型案例研究成果。

第5章

制药废水处理的前沿技术与策略

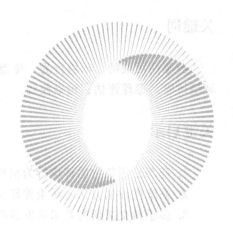

制药废水处理技术的创新发展是保障环境安全和企业可持续发展的关键。本章将系统介绍制药废水处理的前沿技术与优化策略，从降解机理到智能化应用，全面展现行业技术进步的最新成果。

随着环保要求的不断提高和处理技术的快速发展，传统废水处理方法已难以满足现代制药工业的需求。如何有效降解难降解污染物，如何优化处理工艺，如何实现智能化运营，已成为行业技术创新的重点方向。

本章将引导读者：

✓ 理解难降解药物污染物的降解机理。

✓ 掌握高级氧化技术的应用方法。

✓ 了解 MBR 技术的创新发展。

✓ 探索人工智能在废水处理中的应用。

通过本章学习，读者将把握制药废水处理技术的最新进展，为实践应用提供理论指导和技术支撑。

5.1 难降解药物污染物的降解机理与途径

随着制药工业的迅速发展，药物污染已成为全球范围内亟待解决的环境问题之一。特别是一些药物污染物在环境中具有较强的持久性和难降解性，可能长期残留在水体、土壤和空气中，对生态系统及人类健康产生潜在威胁。随着药物种类的增加和废弃物排放的增多，难降解药物污染物成为环境污染防治研究中的重要课题。

难降解药物污染物（recalcitrant pharmaceutical pollutants，RPPs）通常指那些在环境中难以通过自然降解过程（如生物降解、光降解等）有效去除的药物。这些药物通常具有复杂的化学结构，生物降解难度大，且不易被常规的污水处理工艺去除。它们在环境中的持久性使得其对生态系统的潜在影响尤为突出，尤其是对水生生物和土壤微生物群落的长时间暴露可能造成生物累积效应和毒性反应。为了有效地解决这一问题，研究人员从多个角度出发，探索不同的降解机理与途径。

本节将深入探讨难降解药物污染物的特性及环境行为，解析其主要的降解机理，并系统介绍当前的主要降解技术，尤其是生物降解、物理化学降解等。通过这些内容的阐述，旨在为制药行业的环境污染治理提供理论支持，并为未来的研究方向提供借鉴。

5.1.1 难降解药物污染物的特性与环境行为

5.1.1.1 难降解药物污染物的定义和主要类别

难降解药物污染物（RPPs）是指在环境中具有持久性，不易被生物降解或常规处理技术去除的药物及其代谢产物。这类物质因其特殊的化学结构和物理化学性质，在环境中具有较长的半衰期，可能对生态系统和人类健康造成长期影响。常见的难降解药物污染物包括多种抗生素、非甾体抗炎药、抗癫痫药物、抗抑郁药、X射线造影剂以及激素类药物等。

抗生素中的四环素类和氟喹诺酮类因其复杂的环状结构和稳定性，常被视为典型的难降解药物。非甾体抗炎药如双氯芬酸和布洛芬，由于其广泛使用和环境持久性，也成为研究的重点。抗癫痫药物卡马西平和加巴喷丁、抗抑郁药氟西汀和帕罗西汀，因其在常规废水处理中的低去除率而受到关注。X射线造影剂如碘海醇和碘普罗胺，由于其高度稳定的结构，在环境中几乎不发生降解。此外，激素类药物如炔雌醇和雌二醇，即使在极低浓度下也可能对水生生物产生显著影响，因此也被列为重要的难降解药物污染物。

5.1.1.2 难降解性的主要原因

药物污染物难降解性的根源主要在于其分子结构的特点。许多药物分子含有稳定的芳香环或杂环结构，这些结构不易被微生物酶系统攻击，从而增加了其在环境中的持久性。某些取代基，特别是卤素原子的存在，可以显著增加分子的稳定性，进一步降低其生物可降解性。例如，氟喹诺酮类抗生素中的氟原子不仅增强了药物的抗菌活性，也使其更难被环境中的微生物降解。

分子量和结构复杂性也是影响药物可降解性的重要因素。大分子量或结构复杂的药物往往难以被微生物作为碳源和能量来源直接利用。这种情况在某些多环类药物中尤为明显，如四环素类抗生素。此外，某些药物的高度疏水性使其倾向于吸附于环境中的颗粒物或沉积物，这种吸附作用可能降低药物的生物可利用性，从而减缓其降解过程。

值得注意的是，某些药物（尤其是抗生素）本身具有抑制微生物生长的作用。这种抗菌活性可能抑制环境中的微生物群落，进一步增加了这类药物在环境中的持久性。这种自我保护机制使得抗生素类药物的环境行为变得更加复杂，也增加了其处理的难度。

5.1.1.3 环境行为特征

难降解药物污染物在环境中表现出一系列独特的行为特征。首先，这类物质通常具有较长的环境半衰期，可在水体、土壤和沉积物中长期存在。例如，某些X射线造影剂在地表水中的半衰期可达数月甚至数年。这种持久性不仅增加了环境暴露的风险，也为污染物的长距离传输提供了可能。

这些药物污染物通常具有较高的迁移性。它们可以通过地表径流、地下水渗透等多种途径在环境中广泛传播。例如，抗生素类药物可以从畜牧养殖场通过地表径流进入附近水体，或通过土壤渗透进入地下水系统。这种高迁移性使得污染问题从局部扩散到更大的地理范围。

某些脂溶性较强的药物污染物还具有生物累积的潜力。它们可以在水生生物体内富集，并通过食物链逐级传递和放大。例如，某些雌激素类化合物已被发现可在鱼类体内累积，并可能通过食物链影响到高营养级生物，包括人类。

环境中的药物污染物并非总是以原形存在，部分降解可能产生具有生物活性的中间产物，这些产物可能比母体化合物毒性更高或更难降解。例如，某些抗生素在环境中的部分降解产物可能保留原有的抗菌活性，继续对微生物群落产生影响。

此外，环境因子的季节性变化可能显著影响药物污染物的环境行为。温度、光照强度、降水量等因素的变化可能导致降解速率和环境浓度的周期性波动。例如，某些光敏感性药物在夏季可能因强光照而加速降解，在冬季则可能更加持久。

理解这些环境行为特征对于准确评估药物污染物的环境风险、制定有效的监测策略和开发针对性的处理技术至关重要。它要求我们在研究和管理过程中采取全面、动态的视角，考虑药物污染物在不同环境介质中的命运和转化过程。

5.1.2 生物降解

5.1.2.1 微生物降解机制

微生物降解药物污染物通常依赖于特定的酶系统，主要包括氧化酶、还原酶和水解酶等。这些酶可以通过对药物分子进行化学改性（如环化、去芳香化、氯化等）来破坏其结构，从而将其转化为低毒或无毒的代谢产物。例如，抗生素类药物中的β-内酰胺环可以通过β-内酰胺酶的催化作用被水解，从而失去其生物活性。

5.1.2.2 生物降解的影响因素

生物降解过程受多种因素影响，包括药物的浓度、微生物的种类与活性、环境温度、pH 值、氧气浓度等。一般来说，药物浓度过高可能抑制微生物的活性，温度和 pH 值的变化则会影响酶的活性和降解速率。特别是在低氧环境下，厌氧微生物的降解能力通常较强，因此一些难降解药物（如氯苯类化合物）常常在厌氧环境中降解较快。

5.1.2.3 微生物群落的多样性与协同作用

由于难降解药物的复杂性，单一微生物可能无法有效降解。近年来的研究发现，微生物群落的协同作用可以显著提高降解效率。例如，某些厌氧和好氧微生物的协同作用可以在不同的降解阶段发挥作用，使得降解过程更加高效。利用这种微生物群落的协同效应，研究人员正在开发针对性强的复合菌株，用于处理不同类型的药物污染物。

5.1.3 化学降解

化学降解是通过化学反应将药物污染物分解为较小无害分子的过程。常见的化学降解方法包括臭氧氧化、氯化、还原反应等。化学降解方法具有较高的处理效率，尤其适用于处理一些生物降解困难的药物污染物，但其使用过程需要精确控制，避免产生二次污染。

5.1.3.1　氧化反应

臭氧氧化和高级氧化过程（AOPs）是目前应用较广泛的化学降解方法。臭氧具有较强的氧化性，能够破坏药物分子的结构，使其转化为低毒或无毒的物质。此外，AOPs 通过产生强氧化物种（如·OH）来降解药物污染物，这些自由基具有非常强的氧化能力，能够有效降解抗生素、抗抑郁药等难降解药物。

5.1.3.2　氯化和还原反应

一些药物污染物在特定条件下也可以通过氯化或还原反应降解。例如，氯苯类药物可以通过氯化反应引入氯原子，从而改变其结构，使其变得更易降解。此外，某些药物（如氯噻吨类药物）在还原条件下也能发生降解，这些反应为一些污染物的治理提供了有效途径。

5.1.4　光降解

光降解是指药物污染物在紫外光、可见光或自然阳光照射下，发生光化学反应，从而将药物分解成较小分子或非毒性物质的过程。光降解的优势在于其反应过程快速且不产生二次污染，尤其适用于水体中药物污染物的去除。

5.1.4.1　紫外光降解

紫外线照射可以使药物分子吸收光能，激发其电子进入激发态，并在此过程中断裂化学键，导致分子发生降解。特别是对于一些含有芳香环结构的药物，紫外光降解效率较高。然而，这种方法的缺点是光降解速率容易受水体中溶解物质的影响，例如浑浊的水体可能减少紫外光的穿透深度。

5.1.4.2　光催化降解

光催化降解利用催化剂（如 TiO_2）在紫外线照射下产生电子和空穴对，进而生成具有强氧化性的自由基（如·OH）。这些自由基能有效破坏药物分子的化学键，实现降解。这种方法不仅具有较高的降解效率，而且催化剂可重复使用，具有较好的环境适应性和可持续性。

5.1.5　物理吸附

物理吸附是一种通过表面作用力将药物污染物从水或土壤中吸附到固体材料表面的过程。常见的吸附材料包括活性炭、膨润土、沸石等。这种方法简便易行，成本较低，但通常用于初期的浓缩或预处理阶段，常与其他降解技术联合应用。

5.1.5.1　活性炭吸附

活性炭具有高度多孔结构和较大的比表面积，能够有效吸附水中的药物污染物。其吸附性能受溶液 pH 值、温度和药物分子大小的影响。对于一些疏水性的药物分子，活性炭的吸附效率较高，但对极性或水溶性较强的药物效果有限。

5.1.5.2 其他吸附材料

除活性炭外，天然材料如膨润土和沸石也被广泛研究用于药物污染物的吸附。这些材料成本较低且可再生，适用于大规模应用。近年来，研究人员还尝试通过改性吸附剂来提高其对特定药物的吸附能力，如在表面修饰疏水性基团来提高对水溶性药物的吸附性能。

5.1.6 技术综合与未来发展方向

尽管现有的降解方法已经取得了一定的进展，但单一降解技术往往难以应对复杂药物污染物的处理。未来的研究将更多关注多种技术的联用与协同作用，利用各自的优势互补，提高处理效率和可操作性。

5.1.6.1 多技术联用

将生物降解、化学降解、光降解及物理吸附等技术结合，能够实现药物污染物的综合处理。例如，采用物理吸附浓缩污染物后，再通过化学降解或生物降解进行彻底去除，能够大大提高处理效率。

5.1.6.2 高效催化剂与新型材料

开发新的催化剂与吸附材料，尤其是纳米材料和复合材料，能够显著提高降解速率和选择性。例如，纳米 TiO_2 在紫外光照射下的降解性能较传统材料更为优异，具有广阔的应用前景。

5.1.6.3 环境友好型降解技术

绿色、可持续的降解技术将成为未来的发展趋势。例如，利用天然材料（如植物、微生物等）进行降解，能够减轻环境的负担，并提高处理技术的经济性。

通过这些技术的综合应用，可以实现更加高效和经济的药物污染物治理，为环境保护和药物废弃物的可持续处理提供新的解决方案。

5.2 高级氧化技术在制药废水处理中的应用与优化

制药废水因其复杂的有机污染物组成，常包含抗生素、激素、抗抑郁药、镇痛药等难降解化合物。传统处理方法难以完全去除这些污染物，而高级氧化技术凭借其高效的自由基氧化能力，在制药废水处理领域展现出巨大潜力。这类技术主要依赖于羟基自由基的强氧化性，能够攻击有机分子的化学键，从而实现污染物的深度降解。针对制药废水的不同特性，目前应用较广泛的高级氧化技术包括光催化氧化、臭氧氧化和芬顿氧化，它们在废水处理的各个环节发挥着重要作用，但仍面临能耗高、副产物控制难等挑战。因此，优化这些技术，提高其效率和经济可行性，是推动其实际应用的关键。

5.2.1 主要高级氧化技术及其应用

光催化氧化是一种利用光能激发催化剂产生自由基的技术，常采用 TiO_2、ZnO 等半导体材料，在紫外光或可见光作用下诱导氧化反应。这一技术在降解制药废水中的抗生素、镇痛药和激素类污染物方面表现突出，特别适用于处理含光敏性污染物的废水。然而，光催化的效果受光透过率影响较大，对于浊度较高的深色废水，其效率明显下降。此外，催化剂的回收和稳定性也是影响其大规模应用的主要问题。目前，优化方向主要集中在开发宽光谱响应的催化剂，例如掺杂金属或碳材料，以提高催化效率，并通过固定化技术提升催化剂的稳定性。

臭氧氧化因其较强的氧化性，在制药废水的色度去除和 COD 降低方面具有明显优势。臭氧可以直接氧化有机污染物，也可分解产生羟基自由基，提高氧化能力。这种方法在高色度、高浓度废水处理中表现良好，尤其适用于含芳香环结构的污染物。然而，臭氧氧化的能耗较高，臭氧利用率有限，并且在某些情况下可能会产生有毒副产物，如溴酸盐。因此，改进臭氧投加方式、优化氧化过程成为提高其应用效果的关键。研究表明，采用催化臭氧氧化技术，如利用 TiO_2、MnO_2 等为催化剂，可以提高臭氧的利用率，同时降低副产物的生成。

芬顿氧化通过 Fe^{2+} 催化 H_2O_2 分解产生羟基自由基，在处理高浓度有机污染物废水方面具有显著优势。该技术反应条件温和，适用于强化制药废水的预处理，以提高后续生物降解能力。然而，芬顿氧化对 pH 值要求较为严格，最佳反应 pH 范围通常在 3.0～5.0 之间，这在实际应用中可能需要额外的 pH 调节。此外，芬顿反应产生的大量铁泥需要进一步处理，否则可能带来二次污染。为克服这些问题，研究者提出了一系列改进方案，例如光-芬顿氧化、电-芬顿氧化等，以提高氧化效率，并减少铁泥的产生。

5.2.2 技术应用中的挑战与优化

尽管高级氧化技术在制药废水处理方面表现出色，但在实际应用中仍面临多种挑战。其中，高能耗是限制这些技术推广的主要因素，特别是在臭氧氧化和光催化氧化过程中，臭氧的制备和紫外光源的使用均需消耗大量能源。优化催化材料、提高光能利用效率、结合太阳能等可再生能源是当前研究的重点。与此同时，部分高级氧化过程可能会产生副产物，例如臭氧氧化可能形成溴酸盐，芬顿氧化可能导致铁泥堆积，这些副产物的控制成为优化技术的关键环节。优化催化剂配方、调整反应条件、联用吸附或膜分离技术，是降低副产物生成的重要策略。

此外，不同类型的制药废水成分复杂，单一高级氧化技术往往难以全面去除所有污染物。在实际应用中，往往需要采用组合工艺，例如先进行生物预处理，再利用高级氧化进行深度处理，以提高整体去除效率。另一种优化思路是将高级氧化与膜技术结合，例如臭氧氧化与超滤膜联用，不仅可以提高污染物去除率，还能有效降低能耗和运行成本。

5.2.3 实际应用中的考虑因素

在工程实践中，高级氧化技术的选择与优化需综合考虑废水特性、处理目标、经济成本和环境影响。制药废水的污染物组成复杂，处理方案应针对特定污染物选择最优氧化方式。例如，高色度、高 COD 的废水适合采用臭氧氧化，高浓度难降解污染物废水则更适合芬顿氧化。对于低浓度污染物，可采用组合处理方式，如光催化氧化＋生物处理，以提高降解效率并降低能耗。

成本控制也是技术应用的重要考量因素。在保证处理效果的前提下，需要评估各类氧化技术的运行成本、设备投资及维护费用。例如，光催化氧化的初始投资较大，但运行成本较低，而芬顿氧化的初始投资较小，但长期运行需要持续添加化学试剂。此外，处理过程中可能产生的二次污染也需重点关注，特别是在氧化过程中可能形成的毒性中间产物，需确保最终出水质量符合环境排放标准。

5.2.4 未来发展方向

高级氧化技术在制药废水处理中的应用前景广阔，未来研究方向将集中在提高处理效率、降低能耗和减少副产物方面。新型催化材料的开发是当前研究的热点，例如石墨相氮化碳（g-C_3N_4）、复合纳米催化剂等材料展现出优异的催化性能，有望在未来的光催化氧化和催化臭氧氧化技术中得到广泛应用。

复合技术的集成是未来的发展趋势之一，高级氧化与其他处理技术的结合，如高级氧化＋生物处理、臭氧＋膜分离，可以发挥协同效应，提高整体处理能力。此外，智能监测和控制技术的引入也将为高级氧化技术带来新的突破。借助人工智能和物联网技术，可以实现在线监测和自动优化，提高废水处理系统的运行稳定性和效率。

在可持续发展的背景下，未来的研究还将关注绿色处理技术，例如利用太阳能光催化氧化或开发更环保的氧化剂，以减少化学试剂的使用，减轻环境负担。这些优化和创新将推动高级氧化技术在制药废水处理中的广泛应用，为解决制药行业的环境污染问题提供更加高效、经济和环保的解决方案。

5.3 膜生物反应器技术的创新与挑战

膜生物反应器（MBR）技术作为一种集生物降解与膜分离于一体的废水处理方法，在制药废水处理领域展现出广阔的应用前景。相比于传统活性污泥法，MBR 不仅能够有效去除常规污染物，还能针对难降解有机物和微量污染物提供更深度的处理，使其出水水质稳定，甚至达到回用标准。然而，由于制药废水成分复杂，MBR 技术的运行仍然面临膜污染、能耗高、系统稳定性差等多方面的挑战。近年来，随着膜材料、生物强化、工艺优化和智能控制等方面的不断创新，MBR 在制药废水处理中的应用正逐步优化升级，为提高污染物去除效率和系统稳定性提供了新的解决方案。

5.3.1 MBR 技术的基本原理与优势

MBR 技术的核心在于膜分离与生物处理的结合。在该系统中，废水首先进入生物反应器，通过活性污泥中的微生物降解有机污染物，随后经由膜组件进行固液分离，实现高效的污泥截留和清水产出。膜组件的精细过滤作用不仅提高了出水水质，还能有效截留微生物，提高生物反应器中的污泥浓度，从而增强处理能力。

相比于传统的活性污泥法，MBR 系统具有多重优势。首先，其出水水质更为优越，能够有效去除悬浮物、有机污染物及氨氮，为废水回用或进一步处理提供了良好基础。其次，由于膜的高效截留作用，MBR 系统能够维持较高的污泥浓度，使生物降解能力增强，从而提高对难降解污染物的去除效率。此外，MBR 技术的占地面积较小，适用于空间有限的制药企业，并且易于模块化设计和自动化运行，提高了运行的稳定性和可控性。

在制药废水处理中，MBR 的应用优势尤为突出。制药废水中含有多种抗生素、激素及有机溶剂等难降解污染物，传统生化法去除效率有限，而 MBR 技术通过较长的污泥龄和高浓度微生物群落，使这些污染物得到更彻底的降解。同时，MBR 对水质波动的适应能力较强，能够在高负荷条件下稳定运行，减少废水处理过程中因水质变化而产生的冲击影响。

5.3.2　MBR 在制药废水处理中的应用创新

近年来，MBR 技术的应用不断创新，主要体现在膜材料的优化、生物强化、组合工艺以及膜组件设计的改进上。

膜污染是影响 MBR 系统稳定运行的主要问题，为此，新型抗污染膜材料的研发成为研究热点。改性聚偏二氟乙烯（PVDF）膜、纳米复合膜以及亲水性涂层膜等新型材料的应用，显著提高了膜的抗污染能力和通量。此外，一些自清洁膜技术，如光催化膜、超疏水膜等，也逐步应用于 MBR 系统，以减少膜污染并延长膜寿命。

在生物强化方面，研究者正致力于引入特定降解菌群，以提高 MBR 系统对难降解污染物的去除能力。例如，针对抗生素污染问题，筛选出高效降解菌株，将其接种到 MBR 系统中，可显著提高对目标污染物的降解效率。此外，固定化酶技术也成为新的研究方向，通过在膜表面固定特定酶类，可加速药物分子的降解，增强 MBR 的处理能力。

MBR 与其他工艺的结合正在推动系统优化。例如，MBR-臭氧联用工艺利用臭氧氧化降解难降解有机物，同时提高膜的抗污染性；MBR-活性炭组合工艺则通过吸附作用进一步去除微量有机污染物，提高出水水质。此外，MBR 与高级氧化、膜分离等技术的结合，也为深度处理和废水回用提供了更多可能性。

MBR 的构型创新也是研究的重点方向。传统的浸没式和外置式 MBR 已逐步发展出气提式 MBR、振动 MBR 等新型结构，以减少膜污染、提高处理效率并降低能耗。例如，振动 MBR 通过周期性振动减少膜污染，提高系统运行稳定性，气提式 MBR 则通过气泡清洗膜表面，提高膜通量并延长膜使用寿命。

5.3.3　MBR 技术面临的挑战

尽管 MBR 技术在制药废水处理中展现出诸多优势，但仍然面临一些挑战，其中膜污染、能耗高和系统稳定性差是主要问题。

膜污染是影响 MBR 长期运行的关键问题。制药废水中含有大量有机物、胶体颗粒以及微生物代谢产物，容易在膜表面形成污染层，导致膜通量下降和运行成本增加。当前的优化方向包括开发抗污染膜材料、优化膜清洗策略以及通过运行参数控制污染物积累。例如，定期的物理清洗和化学清洗相结合，可有效延长膜的使用寿命。

能耗问题是MBR技术推广应用的另一大挑战。由于需要持续进行曝气、抽吸和反洗，MBR系统的能耗较高。优化曝气方式，如采用间歇曝气或智能曝气调控，可在保证处理效果的前提下降低能耗。此外，开发高通量、低阻力的膜材料，也有助于降低运行成本。

制药废水的成分复杂、水质波动大，这对MBR系统的稳定性提出了更高要求。若废水中含有较高浓度的有毒物质，可能会抑制微生物活性，影响系统的处理能力。为应对这一挑战，预处理工艺的优化显得尤为重要，如采用物化预处理去除部分有机污染物或毒性物质，提高MBR的运行稳定性。

5.3.4 未来发展趋势

未来，MBR技术在制药废水处理领域的发展将主要集中在智能化控制、新材料开发、组合工艺优化和资源回收利用等方面。

智能化与自动化控制技术的引入将显著提升MBR系统的运行效率。基于人工智能和大数据分析的智能监测系统，可实时调控运行参数，实现节能降耗并提高处理稳定性。此外，数字孪生技术的应用可对MBR系统的运行状态进行模拟预测，优化管理策略。

在膜材料方面，未来将继续推动高性能膜材料的研发，包括更耐污染、更高通量的纳米复合膜、智能响应膜等。这些新型材料的应用将有助于提高MBR的运行效率，延长膜的使用寿命，并降低运行成本。

MBR与其他处理工艺的结合也将成为未来的发展方向。例如，MBR-纳滤组合可进一步去除小分子污染物，提高水质回用率，而MBR-高级氧化组合可强化难降解污染物的去除，满足更加严格的排放标准。

此外，随着水资源短缺问题的加剧，MBR在废水回用和资源回收方面的应用将受到更多关注。开发MBR系统用于提取有价值的药物中间体或资源化利用，是未来研究的重要方向之一。

总体而言，MBR技术在制药废水处理领域的应用前景广阔，未来的研究将围绕提高处理效率、降低运行成本、优化工艺组合等方面展开。随着技术的不断进步，MBR有望成为制药废水处理的核心技术，为行业的可持续发展提供更加高效、经济和环保的解决方案。

5.4 人工智能在制药废水处理过程优化中的应用

随着人工智能技术的快速发展，其在制药废水处理领域的应用日益广泛，为传统的废水处理过程带来了前所未有的优化可能。人工智能技术，如机器学习、深度学习和专家系统，能够有效提升废水处理效率、降低运营成本，并实现精准控制，已逐步成为制药废水处理过程优化的重要工具。通过数据驱动的方法，人工智能可以快速解析废水特性、预测水质变化、优化处理工艺，并智能化管理设备维护，使得废水处理过程更加高效、稳定和可控。

5.4.1 人工智能在制药废水处理中的主要应用领域

人工智能在制药废水处理过程中的应用主要涵盖废水特性分析与预测、工艺优化、设备维护和系统管理等多个方面。

废水特性分析与预测是人工智能最直接的应用之一。制药废水成分复杂且波动较大，传统实验室分析方法往往耗时较长，难以满足实时监测需求。基于机器学习的水质预测模型可以利用易于在线监测的参数，如pH值、电导率和溶解氧浓度，实时预测COD、生化需氧量（BOD）、氨氮等关键污染指标，为废水处理过程提供精准的决策支持。这不仅提高了监测效率，还能实现水质异常的早期预警，避免污染超标排放。

在工艺优化方面，人工智能能够基于大量历史数据建立数学模型，并利用智能算法分析工艺参数之间的关系，从而优化废水处理过程。例如，在生物处理过程中，人工智能可以自动调整曝气量、污泥回流比和药剂投加量，使系统在最优状态下运行，从而提高污染物去除效率并降低能耗。对于高级氧化、膜分离等工艺，人工智能同样可以优化运行参数，提高去除率并减少运行成本。

在设备维护方面，人工智能提供了故障诊断和预测性维护的解决方案。利用传感器实时采集泵、鼓风机、膜组件等关键设备的运行数据，并结合机器学习模型进行分析，可以预测潜在故障并提前采取维护措施。这种预防性维护策略能够减少设备停机时间，提高系统的稳定性和可靠性，降低因设备故障导致的生产损失。

此外，人工智能还可应用于污泥处理优化、智能能源管理和废水处理厂整体运行调控。例如，通过强化学习算法优化污泥脱水过程，提高脱水效率并降低药剂用量；利用智能调控系统优化能源分配，实现废水处理的节能降耗；在全厂管理中，人工智能可结合物联网技术进行全流程监测和控制，提升整个处理系统的智能化水平。

5.4.2 人工智能技术在制药废水处理中的具体应用案例

在实际应用中，人工智能已在多个制药废水处理项目中取得了显著成效。例如，某大型制药企业利用基于深度学习的水质预测系统，实现了对关键污染物浓度的实时预测，准确率超过90%，显著提高了废水处理的稳定性和应对能力。

另一项研究采用遗传算法优化膜生物反应器（MBR）系统的运行参数。该优化模型能够根据进水水质的变化自动调整曝气强度、污泥龄和膜通量等参数，在确保出水水质达标的前提下，将能耗降低了15%。

在设备管理方面，某制药废水处理厂部署了基于机器学习的预测性维护系统，实时监测关键设备的振动、温度、电流等数据，并通过智能算法识别异常模式。该系统成功预测了多次潜在故障，避免了突发性停机事故，提高了整体运行的可靠性。

此外，一些研究还探索了人工智能在多工艺联用优化中的应用。例如，在MBR与臭氧高级氧化联合工艺中，人工智能系统基于实时水质监测数据自动调整臭氧投加量和膜运行参数，从而实现最佳处理效果，同时降低了化学试剂的消耗。

5.4.3 人工智能应用面临的挑战

尽管人工智能在制药废水处理中的应用潜力巨大，但其广泛推广仍面临多个挑战，其中数据质量和可用性问题尤为突出。人工智能模型的训练高度依赖高质量的大规模数据，而许多制药企业的废水处理设施尚未建立完善的数据采集系统，导致历史数据不完整或质量较低。这不仅限制了模型的训练精度，也影响了人工智能决策的可靠性。

另一个挑战是模型的可解释性。许多深度学习模型虽然能够提供高精度预测，但其内部决策过程难以解释，这可能影响其在废水处理中的实际应用。对于制药企业而言，处理设施的操作人员通常需要理解优化方案的原理，以便在需要时进行人工干预。因此，如何提高人工智能模型的透明度和可解释性是一个关键问题。

此外，制药废水的成分具有较强的时变性，而人工智能模型通常基于历史数据进行训练，其泛化能力在新工况下可能受限。例如，当制药企业因生产工艺调整导致废水成分发生变化时，原有的人工智能模型可能失效，需要重新训练和优化。如何提高模型的稳健性，使其适应长期运行中的变化，是未来研究的重要方向。

最后，人工智能技术在废水处理行业的应用仍面临人才短缺的问题。废水处理行业的专业人员通常对人工智能技术了解有限，而人工智能研究人员可能缺乏对水处理工艺的深入理解。因此，培养跨学科的复合型人才，建立行业标准化的数据处理方法，是推动人工智能在制药废水处理领域应用的重要保障。

5.4.4 未来发展趋势

未来，人工智能在制药废水处理中的应用将朝着更智能化、更自动化和更系统化的方向发展。首先，人工智能将进一步实现自主优化和智能决策，不仅能进行数据分析和预测，还能结合实时监测数据动态调整工艺参数，实现全自动化运行，提高处理效率并降低人力成本。其次，人工智能将与物联网、大数据和云计算技术深度融合，构建智能废水处理系统。通过物联网设备实时采集废水处理过程的各类数据，并上传至云端进行分析，人工智能可以基于全局数据优化控制策略，进一步提升系统运行的稳定性和精确性。

未来的发展还将推动知识驱动和数据驱动相结合的优化方法。在数据有限的情况下，人工智能系统将更多地融入环境工程领域的专家知识，使优化策略更加精准和可靠。例如，结合水处理专家的经验和物理化学机理建立混合智能模型，使其既具有数据学习能力，又符合环境工程的基本规律，提高系统的可信度。此外，人工智能的应用范围将进一步拓展，从优化单个废水处理单元，发展到整个废水处理系统的综合优化，并最终扩展到制药企业的水资源管理。未来的智能制药企业将实现从生产工艺优化到废水回用的全链条智能管理，提高水资源利用效率，降低废水处理成本，实现更加可持续的运营模式。

总体而言，人工智能在制药废水处理中的应用前景广阔。随着数据采集技术的进步、智能算法的优化以及行业人才培养的加强，人工智能将成为制药行业废水处理的重要支撑技术，推动整个行业向更加高效、环保、智能的方向发展。

5.5　总结

本章系统阐述了制药废水处理的前沿技术与优化策略，深入探讨了难降解污染物的降解机理、高级氧化技术的应用创新、MBR 技术的发展以及人工智能在过程优化中的应用，为读者提供了全面的技术认知和实践指导。

本章的框架如图 5-1 所示。

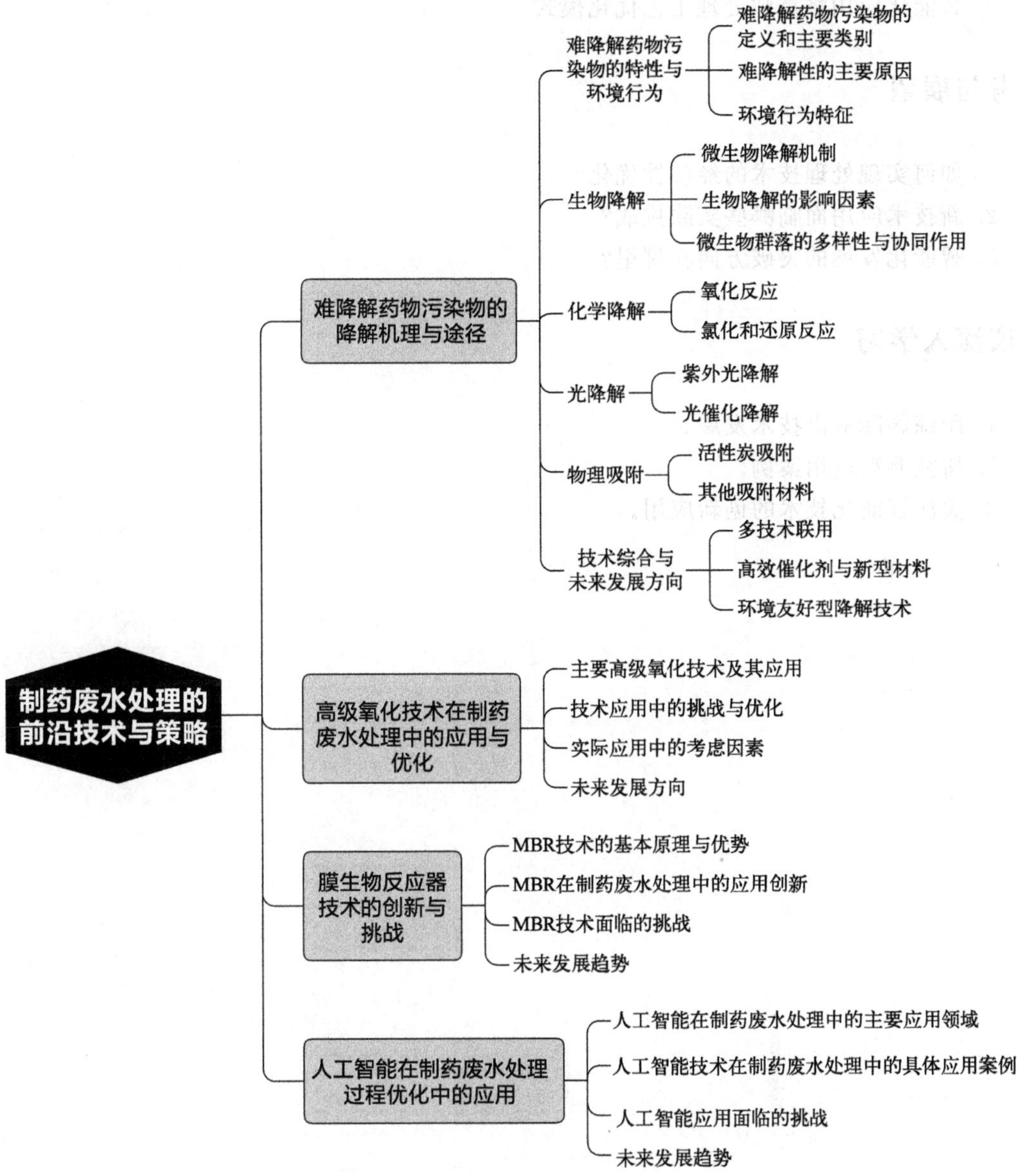

图 5-1　第 5 章内容框架

关键词

废水处理、降解机理、高级氧化、MBR 技术、人工智能、工艺优化、污染物降解、技术创新、智能控制、过程优化。

关键启示

1. 技术创新是提升处理效能的核心动力。
2. 多技术集成是未来发展的必然趋势。
3. 智能化应用将重塑处理工艺优化模式。

思考与展望

1. 如何实现处理技术的经济性优化？
2. 新技术应用面临哪些实践挑战？
3. 智能化发展的突破方向在哪里？

建议深入学习

1. 跟踪国际前沿技术发展。
2. 研究典型应用案例。
3. 关注智能化技术的创新应用。

第6章

制药行业大气污染控制与温室气体减排

大气污染控制与温室气体减排已成为制药行业可持续发展的重要课题。本章将深入探讨VOCs控制技术、多污染物协同控制策略、碳中和路径以及协同减排技术，为制药企业的环境治理提供系统解决方案。

在“双碳”目标和严格环保要求的背景下，制药企业面临着前所未有的减排压力。如何实现污染物有效控制，如何推进碳中和进程，如何优化协同减排策略，已成为行业关注的焦点问题。

本章将引导读者：

√ 掌握VOCs控制的最新技术进展。

√ 理解多污染物协同控制的策略。

√ 把握制药行业碳中和路径。

√ 探索协同减排的技术方法。

通过本章学习，读者将建立对制药行业大气环境治理的系统认知，为企业实现绿色低碳发展提供指导。

6.1 VOCs控制技术的新进展

挥发性有机化合物（volatile organic compounds，VOCs）是制药行业排放的主要大气污染物之一，其控制技术的进步一直是环境管理和污染防治领域的重要课题。随着全球环保法规的日益严格，以及绿色制造理念的推动，VOCs控制技术在源头削减、过程优化和末端治理方面都取得了显著突破。本节将围绕这些关键技术的最新发展进行探讨，并分析其在制药行业的应用潜力。

6.1.1 源头削减技术

源头削减是减少VOCs排放最根本和最经济有效的策略。近年来，绿色化学合成、低

VOCs 原料溶剂替代和清洁生产工艺的改进，已成为制药行业控制 VOCs 排放的重要方向。

6.1.1.1 绿色化学合成的推广

在制药合成过程中，采用绿色化学技术可以有效减少或替代传统有机溶剂的使用。例如，水相合成技术的应用使得某些化学反应能够在水环境中高效进行，减少了对挥发性有机溶剂的依赖。此外，近年来无溶剂合成工艺逐渐成熟，例如机械力化学反应和固态催化反应等技术已成功用于某些药物的合成，大幅减少了 VOCs 的排放。生物催化技术也是近年来的重要突破，它利用生物酶在温和的条件下进行催化反应，不仅能显著降低溶剂消耗，还能提高反应的选择性和转化率，为药物生产的绿色化提供了可行方案。

6.1.1.2 低 VOCs 原料溶剂的替代

近年来，制药行业广泛应用生物基溶剂和低挥发性溶剂来替代传统的有机溶剂。例如，乙酸乙酯、乳酸乙酯等生物基溶剂的应用，不仅降低了 VOCs 排放，还具备更好的可生物降解性。此外，超临界二氧化碳（SC-CO_2）技术的应用已在部分制药工艺中实现工业化，SC-CO_2 可作为绿色溶剂用于药物结晶、萃取和反应介质，减少对传统有机溶剂的依赖。此外，水基涂料替代传统溶剂型涂料在制药设备涂层中的应用，也有效减少了 VOCs 排放。

6.1.2 过程优化技术

过程优化技术的目标是优化生产工艺和设备运行，减少 VOCs 在生产过程中泄漏和无组织排放。近年来，密闭化生产和智能化监控成为制药行业减少 VOCs 排放的重要手段。

6.1.2.1 密闭化生产技术

现代制药生产线正向全密闭、自动化方向发展。例如，采用全封闭反应釜和管道输送系统，能够最大程度地减少 VOCs 的泄漏和挥发。此外，高度自动化的溶剂回收系统可有效减少溶剂消耗，提高生产效率，同时降低 VOCs 排放。先进的气密性检测技术，如红外热成像检测、超声波泄漏检测等，使得企业可以及时发现和修复 VOCs 泄漏点，提高密闭系统的安全性和环保效果。

6.1.2.2 智能化监控系统

物联网与人工智能技术的结合，使得 VOCs 排放的智能化监控成为现实。现代 VOCs 监控系统采用高精度传感器和实时在线监测技术，可全天候监测生产过程中的 VOCs 浓度变化，并结合大数据分析优化工艺参数。例如，利用人工智能算法分析生产过程中 VOCs 的排放趋势，可智能调整生产工艺参数，如优化反应温度、压力及溶剂循环利用率，从而减少 VOCs 的产生。智能监控系统还能实时预警异常排放情况，降低环境污染和企业的违规风险。

6.1.3 末端治理技术

对于无法通过源头削减和过程优化完全消除的 VOCs，末端治理仍然是确保排放达标的重要手段。近年来，吸附、生物降解、等离子体处理和光催化氧化等技术在 VOCs 治理领域取得了重要突破。

6.1.3.1　新型吸附技术的发展

传统的活性炭吸附法虽然广泛应用，但其吸附能力和寿命有限，且再生过程容易产生二次污染。近年来，金属有机框架材料（MOFs）和石墨烯基吸附材料的开发，显著提高了 VOCs 的吸附容量和选择性。例如，某些 MOFs 材料对苯系物的吸附能力远高于活性炭，并能通过低温再生，降低能耗和二次污染。吸附-催化一体化技术的应用，使 VOCs 在被吸附后可进一步催化氧化分解，提高去除效率，并将污染物转化为无害物质。

6.1.3.2　生物处理技术的突破

近年来，高效生物滴滤器的开发使生物法处理 VOCs 的应用范围大幅扩展，特别是在处理高浓度和波动性 VOCs 时表现出较好的适应性。新型生物滴滤器通过优化填料材料和微生物菌群，提高了对不同类型 VOCs 的降解效率。此外，利用特定真菌降解 VOCs 的技术也取得了突破，某些真菌菌株对苯酚、甲苯等难降解 VOCs 表现出优异的降解能力，为 VOCs 的生物处理提供了新的选择。

6.1.3.3　等离子体技术的应用

低温等离子体技术通过产生大量高能活性粒子，使 VOCs 分子被迅速分解，该技术特别适用于低浓度 VOCs 的处理。近年来，等离子体催化技术的开发提高了该技术的效率，将等离子体与催化剂结合，可在较低能耗下实现 VOCs 的高效降解，并减少副产物的产生。例如，等离子体与纳米催化剂结合的工艺已成功应用于某些制药企业，显著提高了 VOCs 去除率，并降低了运行成本。

6.1.3.4　光催化氧化技术的进展

传统光催化技术受限于紫外光的高能耗问题，而近年来开发出的可见光响应型光催化剂大大提高了光催化的能源利用效率。例如，掺杂 TiO_2 的纳米催化剂能够在可见光条件下高效降解 VOCs，降低了对紫外光源的依赖。此外，光催化与生物处理的联用技术也取得了进展，通过光催化预处理降解 VOCs 中的难降解成分，再结合生物处理进一步去除污染物，可提高整体处理效率并减少副产物的产生。

未来，VOCs 控制技术的发展将向着更高效、更环保、更智能的方向推进。首先，在源头控制方面，绿色合成和无溶剂工艺的推广将进一步减少 VOCs 的产生。其次，在过程控制方面，智能化监测系统的普及将推动制药企业实现 VOCs 的精准控制和优化管理。此外，末端治理技术的发展将更加注重能耗优化和副产物控制，如吸附-催化一体化、等离子体-催化联用技术的应用将更加广泛。

总体而言，VOCs 治理技术的不断创新，将推动制药行业向更加绿色、高效和可持续的方向发展。通过源头、过程和末端的协同优化，制药企业将能够在满足环保法规要求的同时，提高生产效率，实现经济效益与环境效益的双赢。

6.2 多污染物协同控制策略

在制药行业中，大气污染物的排放通常呈现多样性和复杂性，不仅包括挥发性有机化合物（VOCs），还涉及氮氧化物（NO_x）、硫氧化物（SO_x）和颗粒物（PM）等。这些污染物往往同时存在，相互作用，形成复杂的污染体系。因此，采用多污染物协同控制策略不仅能够提高污染物处理效率，还能降低整体治理成本，实现环境效益和经济效益的双赢。本节将详细介绍多污染物协同控制的概念、主要技术路线以及在制药行业的应用案例。

6.2.1 多污染物协同控制的概念与意义

多污染物协同控制是指在控制某一种污染物的同时，通过优化设计和操作，实现对其他污染物的同步控制。这种方法不仅考虑单一污染物的去除，还关注污染物之间的相互作用及其对整体环境的影响。协同控制的优势主要体现在三个方面：首先，它能够提高整体处理效率，利用不同污染物之间的相互作用，实现多种污染物的同步处理；其次，相比于单一污染物控制，协同控制可以减少设备投资和运行成本，通过一套系统同时处理多种污染物，显著降低总体治理成本；最后，协同控制策略可以减少处理过程中的二次污染，在源头上预防某些污染物处理过程中可能产生的其他污染物。

然而，协同控制的实施也面临一些挑战。首先是技术复杂性，需要深入理解多种污染物的物理化学特性及相互作用。其次是设备设计难度增加，协同控制系统的设计需要考虑多种因素，增加了工程难度。最后，协同控制系统的运行需要更精细的管理和更专业的操作人员，对运行管理提出了更高的要求。

6.2.2 主要技术路线

多污染物协同控制的技术路线主要包括吸附-催化氧化技术、等离子体-催化技术、湿法氧化-生物处理联用技术和光催化-吸附联用技术等。

吸附-催化氧化技术结合了吸附和催化氧化两个过程。首先通过吸附剂（如活性炭）富集低浓度 VOCs 和其他污染物，然后在催化剂的作用下进行氧化分解。这种技术不仅可以有效去除 VOCs，还能同时去除 NO_x 和 SO_x。例如，在某些催化剂的作用下，NO_x 可以被还原为 N_2，而 SO_x 可以被氧化为硫酸盐。在某制药企业的废气处理中，采用了 CeO_2-WO_3/TiO_2 催化剂的吸附-催化氧化系统，实现了对 VOCs、NO_x 和 SO_2 的协同去除，总去除效率达到 95%以上。

等离子体-催化技术利用等离子体产生的活性粒子激活催化剂，在常温下实现对多种污染物的高效去除。这种技术对 VOCs、NO_x 和 PM 都有良好的去除效果。等离子体可以分解 VOCs 和 NO_x，同时产生的带电粒子可以促进 PM 的凝聚，便于后续去除。某制药厂采用介质阻挡放电等离子体结合 Mn-Ce 催化剂的系统，同时处理废气中的甲苯、NO 和 $PM_{2.5}$，综合去除效率超过 90%。

湿法氧化-生物处理联用技术首先通过湿法氧化降解难降解的有机物，然后利用生物处理进一步去除污染物。这种技术不仅能有效去除 VOCs，还能同时去除水溶性的 NO_x 和 SO_x。湿法氧化过程中产生的硝酸盐和硫酸盐可以作为生物处理阶段的营养物质。某抗生素生产企业采用超临界水氧化与生物滴滤相结合的工艺，实现了对废气中 VOCs、NO_x 和 SO_2 的协同处理，总去除效率达到 98%。

光催化-吸附联用技术利用光催化剂在光照下产生的活性物种氧化分解污染物，同时通过吸附剂捕获未完全分解的中间产物和其他污染物。这种技术对 VOCs 有很好的去除效果，同时能够将 NO 氧化为 NO_2，后者更容易被吸附剂捕获。此外，光催化过程还能降解部分 PM 中的有机成分。某制药研究所采用 TiO_2/活性炭复合材料的光催化-吸附系统处理实验室废气，对 VOCs、NO_x 和甲醛等的综合去除效率达到 93%。

6.2.3　制药行业多污染物协同控制的应用策略

在制药行业应用多污染物协同控制策略时，需要综合考虑多个方面。首先，应详细分析废气中各种污染物的组成、浓度和排放特征，为选择合适的协同控制技术提供依据。其次，通过优化生产工艺，减少多种污染物的同时产生。例如，采用低氮燃烧技术可以同时减少 NO_x 和 VOCs 的排放。再次，根据污染物特征和处理要求，合理集成多种技术，设计高效的协同控制系统。例如，可以将等离子体技术与生物处理技术相结合，实现对难降解 VOCs 和 NO_x 的协同去除。

此外，通过实时监测和数据分析，优化系统运行参数，实现多污染物的协同控制效果最大化。最后，还需要综合考虑初始投资、运行成本和环境效益，选择最具经济性的协同控制方案。

6.2.4　案例研究

某综合制药企业在新建项目中采用了多污染物协同控制策略，取得了显著成效。在源头削减方面，该企业采用水相反应和生物催化技术，有效减少了 VOCs 的产生。在过程优化方面，使用低氮燃烧器和封闭式生产线，减少了 NO_x 和 VOCs 的排放。在末端治理方面，采用“蓄热式热氧化炉（RTO）＋选择性催化还原（SCR）＋湿法脱硫”的组合工艺，实现了 VOCs、NO_x 和 SO_2 的协同去除。

通过这些综合措施，该企业实现了 VOCs、NO_x 和 SO_2 的排放浓度分别降低 95%、85%和 98%，年度治理成本比传统单一处理技术降低 30%。这个案例充分展示了多污染物协同控制策略在制药行业的应用潜力和实际效果。

6.2.5　未来发展趋势

多污染物协同控制技术在制药行业的应用前景广阔，未来的发展趋势主要体现在以下几个方面。新型复合材料的开发将成为研究热点，科研人员正致力于开发具有多功能的纳米复合材料，以提高协同控制效率。智能控制系统的应用也将日益广泛，利用人工智能和大数据技术，实现协同控制系统的智能化运行，进一步提高处理效率和降低运行成本。

资源化利用技术的突破是另一个重要方向，研究人员正在努力开发将污染物转化为有用资源的新技术，实现污染控制和资源回收的双重目标。此外，对协同机制的深入研究也将持续进行，进一步揭示多种污染物之间的相互作用机理，为开发新型协同控制技术提供坚实的理论基础。

总之，多污染物协同控制策略为制药行业的环境保护提供了一种高效、经济的解决方案。随着相关技术的不断进步和应用经验的积累，这一策略将在未来发挥越来越重要的作用，推动制药行业向更清洁、更可持续的方向发展。通过持续的创新和优化，多污染物协同控制技术有望成为制药行业环境保护的关键支柱，为行业的绿色转型做出重要贡献。

6.3 制药行业碳中和路径研究

在全球应对气候变化的共同努力下，制药行业作为能源密集型且碳排放较高的行业之一，面临着巨大的减排压力和转型挑战。本节将深入探讨制药行业实现碳中和的潜在路径，分析当前所面临的主要挑战，并提出具体的实施策略。

6.3.1 制药行业碳排放现状及特点

制药行业的碳排放主要来源于生产过程中的能源消耗、化学反应过程、废弃物处理以及供应链运输等环节。与其他行业相比，制药行业的碳排放具有以下几个显著特点。首先，能源消耗集中，主要用于维持洁净车间的恒温恒湿环境、设备运行和溶剂回收等过程。其次，化学合成过程中的副反应和溶剂使用会直接产生温室气体。再次，严格的质量控制要求导致能源利用效率较低。最后，全球化的供应链增加了运输环节的碳排放。

根据研究数据，全球制药行业的碳排放强度（即单位产值的碳排放量）比汽车制造业高出 55%。在中国，制药行业的碳排放量约占全国工业总排放量的 2.5%，并且呈现逐年上升的趋势。这些数据凸显了制药行业在碳减排方面面临的巨大挑战和紧迫性。

6.3.2 制药行业碳中和的主要障碍

实现碳中和对制药行业来说是一项复杂且艰巨的任务，面临着技术、经济、政策和认知四个方面的障碍。

在技术层面，许多关键生产工艺目前尚未具备成熟的低碳替代技术。例如，某些化学合成反应需要在高温高压条件下进行，这些过程的能源消耗难以显著降低。此外，一些特殊的制药设备和洁净环境的维持同样需要持续的能源支持，这也是技术转型中的一大挑战。

经济障碍主要表现为转向低碳生产模式通常需要大量的初期投资，包括设备更新、工艺改造和人员培训等。这些投资可能在短期内影响企业的盈利能力，导致一些企业对碳中和转型持观望态度，甚至放缓了转型步伐。

在政策层面，尽管国家已制定了碳达峰、碳中和的总体目标，但针对制药行业的具体政策和标准仍不完善。行业缺乏明确的减排路线图和激励机制，这使得企业在转型过程中缺乏明确的方向和动力，制约了碳减排进程。

此外，认知障碍也不容忽视。一些企业对碳中和的认识不足，将其视为额外的成本负担，而非长期发展的必要投资。这种误解阻碍了企业采取积极减排措施的决心和行动。

6.3.3　制药行业碳中和的可能路径

尽管面临众多挑战，制药行业实现碳中和仍然有多条可行路径。从能源使用到生产工艺，从供应链管理到废弃物处理，各个环节均存在减排潜力。

首先，优化能源结构是最直接和有效的减排方式。制药企业可以通过提高可再生能源的使用比例，采用光伏发电系统或购买绿色电力等手段，减少对化石能源的依赖。同时，通过热电联产系统和优化能源管理系统，企业能够提高能源的利用效率，进一步降低碳排放。

在生产工艺方面，企业可以通过开发和应用绿色化学技术，例如生物催化、连续流反应等，来优化化学合成路线，减少不必要的反应步骤和有机溶剂的使用。这些创新工艺不仅有助于减少碳排放，还有助于提升生产效率。此外，采用先进的分离纯化技术，如膜分离技术，也能在降低能耗的同时提高产品质量。

制药行业还可以通过推进循环经济实践来减少碳排放。例如，建立溶剂回收再利用系统、开发副产物资源化利用技术，并实施废水、废气的梯级利用，不仅能够减少废弃物的产生，还能有效提高资源的利用效率，进一步减少碳排放。

供应链优化也是制药行业碳减排的重要环节。企业可以通过优化物流网络，缩短运输距离，选择低碳供应商等方式，减少运输环节的碳排放。此外，实施绿色包装，减少包装材料的使用，也能有效降低整体碳足迹。

数字化转型为碳减排提供了新的可能性。制药企业可以利用人工智能技术优化生产调度，采用数字孪生技术模拟并优化生产过程，同时建立能源管理信息系统，实现精准的能源管理，从而大幅提升资源利用率。

对于一些难以避免的碳排放，碳捕集与封存技术（CCS）可能成为一种解决方案。大型制药厂区可考虑建设碳捕集装置，并探索将捕集的 CO_2 用于藻类培养等碳利用技术，从而进一步减少碳排放。

最后，碳抵消也可以作为补充手段。企业可以投资造林、湿地恢复等碳汇项目，或通过支持可再生能源项目获得碳信用，以抵消无法直接减少的碳排放。

6.3.4　制药企业碳中和实施策略

为了有效推进碳中和进程，制药企业需要采取系统化的实施策略。首先，建立完善的碳排放管理体系至关重要。这包括制定企业的碳中和目标，建立碳排放核算系统，并定期开展碳盘查等，以确保企业能够准确掌握自身的碳排放情况，为后续的减排行动提供数据支持。

企业还应根据自身实际情况，制定分阶段的减排路线图。通过设定短期、中期和长期的减排目标，并制定具体的实施计划，确保每个阶段的减排工作得以有序推进。这个路线图应该是动态的，能够根据技术进步和政策变化不断调整。

加大研发投入、突破关键低碳技术是企业实现碳中和的核心策略之一。企业应将低碳技术研发作为核心竞争力进行培育，重点关注能源效率提升、绿色化学工艺改进和废弃物资源化等领域的技术创新。

推动全价值链的协同减排同样不可忽视。制药企业应与上下游合作伙伴共同制定减排目标，通过技术共享、标准统一等方式，实现产业链的低碳转型。

随着全国碳市场的逐步完善，企业应积极参与碳交易市场，不仅能通过交易获取减排收益，还能借助市场机制优化自身的减排策略。

6.3.5 政策建议

政府的政策支持在推动制药行业碳中和进程中至关重要。首先，政府应完善制药行业的碳排放标准和核算方法，为企业提供明确的减排指引。其次，可以设立专项资金，支持制药企业开展低碳技术研发和应用，帮助行业加速低碳转型。此外，政府应建立碳减排激励机制，通过税收优惠、绿色信贷等手段，鼓励企业主动采取减排措施，促进碳中和目标的实现。

推动产学研合作，促进科研机构、高校与企业之间的技术交流和成果转化，能加速低碳技术的产业化应用，为企业提供更多低碳技术支持。

最后，政府应完善碳交易市场机制，为制药企业参与碳交易提供便利，从而推动行业整体减排进程。

6.4 大气污染物与温室气体协同减排技术

6.4.1 协同减排的重要性和背景

随着全球环境治理日益成为国际议题，大气污染物与温室气体的协同减排已获得广泛关注。这两类物质不仅对环境和气候系统造成了深远影响，而且它们在排放源和形成机制上常常有较强的关联。传统的治理手段通常将大气污染物和温室气体分开处理，各自采取独立的减排措施。然而，随着环境科学研究的深入和技术的创新，越来越多的研究表明，协同减排能够在提高治理效率的同时，减少治理成本。

大气污染物包括颗粒物（PM）、硫氧化物（SO_x）、氮氧化物（NO_x）和挥发性有机化合物（VOCs）等，这些物质直接影响空气质量，损害人体健康。温室气体主要包括二氧化碳（CO_2）、甲烷（CH_4）和氧化亚氮（N_2O）等，它们是全球气候变暖的主要驱动因素。虽然这两类物质的环境效应有所不同，但它们往往来自相似的排放源，如化石燃料的燃烧和工业生产过程等。因此，协同减排不仅有助于同时解决空气污染和气候变化问题，还能促进资源的高效利用，最大化减排效果。

6.4.2 协同减排的科学基础

6.4.2.1 排放源的共性分析

大气污染物与温室气体的协同减排依赖于它们源头的共性。以能源行业为例，燃煤电厂在发电过程中，不仅排放大量二氧化碳，还释放硫氧化物、氮氧化物和颗粒物等大气污染物。交通运输也是相似的情形，汽车尾气中既有氮氧化物和颗粒物，也包含二氧化碳。钢铁、水泥等高耗能工业同样是这两类物质的排放源。因此，通过分析这些排放源的特点，能够为制定有效的协同减排措施提供依据。

6.4.2.2 形成机理的关联性

大气污染物与温室气体的形成机理具有显著关联。举例来说，氮氧化物不仅是大气污染物的主要成分，还能通过复杂的化学反应生成臭氧，而臭氧既是近地面污染物，也是一种强温室气体。黑碳颗粒物则不仅影响空气质量，还能吸收太阳辐射，加剧全球变暖。因此，了解这些物质的相互作用和转化关系，对于科学设计减排方案至关重要。

6.4.2.3 环境效应的相互影响

大气污染物和温室气体在环境效应上相互作用，影响复杂。例如，气候变化可能通过改变大气环流模式影响污染物的扩散和沉降，进而改变区域空气质量；反过来，一些大气污染物（如气溶胶）通过改变地球辐射平衡，也会影响气候变化。这种相互影响进一步加强了协同减排的必要性。

6.4.3 协同减排的主要技术路径

6.4.3.1 源头控制技术

源头控制是协同减排的核心手段之一。通过优化能源利用效率、调整能源结构和发展清洁能源等措施，可以从源头减少污染物和温室气体的排放。例如，提高火电厂的热效率不仅能减少二氧化碳的排放，还能降低硫氧化物、氮氧化物等大气污染物的排放。同时，发展太阳能、风能等可再生能源是从根本上减少化石燃料使用的有效途径，有助于实现同步减排。

在工业领域，通过采用先进的生产技术和设备，如高效燃烧技术、余热回收系统等，能够显著提高能源效率，减少各类污染物排放。此外，原料替代技术（如水泥生产中使用粉煤灰替代熟料）也是有效的源头控制手段，既减少二氧化碳排放，也能减少氮氧化物等污染物排放。

6.4.3.2 过程控制技术

过程控制技术针对生产过程中排放的优化与控制。在燃煤电厂中，低氮燃烧技术能够减少氮氧化物的生成，通过优化燃烧条件，亦能提高燃烧效率，从而减少二氧化碳排放。循环流化床锅炉技术则能够同时实现脱硫、脱氮，且能够提高燃烧效率，是协同减排的典型技术之一。

在工业生产中，采用精细化过程控制系统和自动化技术，能够减少能源和原材料的浪费，从而降低污染物和温室气体的排放。例如，钢铁行业通过连铸连轧技术，可以大幅减少能源消耗及相关排放。

6.4.3.3 末端治理技术

尽管源头控制和过程优化是减排的首选方式，但末端治理技术依然是必要的补充。例如，选择性催化还原技术（SCR）不仅能够去除氮氧化物，还能降低二氧化碳排放。湿法脱硫技术不仅能去除硫氧化物，还能够捕获二氧化碳。

新兴的烟气处理技术，如电子束法处理技术，也显示出良好的协同减排效果，能够同时去除硫氧化物、氮氧化物和挥发性有机物。碳捕集与封存技术（CCS），虽然以二氧化碳为主要目标，也可以捕捉其他污染物，是一种有潜力的协同减排技术。

6.4.3.4 系统集成与优化

实现协同减排的关键在于将上述各种技术进行系统集成与优化，这不仅涉及技术整合，还包括管理优化和政策协调。例如，智慧城市管理系统可以将交通、建筑、工业等领域的减排措施进行整合，通过优化资源配置来实现减排效果最大化。

企业层面，通过建立全面的能源与环境管理系统，可以整合各种减排技术与措施，实现协同减排。借助大数据和人工智能技术，可以进一步优化减排策略，实现精准控制。

6.4.4 协同减排的挑战与展望

尽管协同减排技术优势显著，但在实践中仍面临诸多挑战。技术上的瓶颈依然存在，某些减排技术尚不成熟，需要进一步研究和开发。同时，初期投资较高的协同减排技术可能会影响企业的经济承受能力。

政策和管理方面也存在困难。目前，大气污染防治与气候变化应对的政策体系存在分割，可能导致实施上的不协调。构建统一的协同减排政策框架，成为未来的重要课题。

展望未来，随着技术进步和环境保护意识的增强，协同减排技术有望得到更加广泛的应用。新材料、新工艺的发展，将为减排提供更多可能，而人工智能与大数据的结合，也将使减排措施更加精准高效。国际合作的深化将推动技术与经验的共享，为全球环境治理提供支持。

总的来说，协同减排不仅是技术创新的方向，更是实现绿色低碳发展不可或缺的一环。通过不断努力与创新，未来有望在改善空气质量与应对气候变化方面取得双赢，为建设美丽中国和构建人类命运共同体贡献力量。

6.5 总结

本章系统阐述了制药行业大气污染控制与温室气体减排的技术策略，深入探讨了 VOCs 控制、多污染物协同治理、碳中和路径及协同减排技术，为读者提供了全面的环境治理解决方案。

本章的框架如图 6-1 所示。

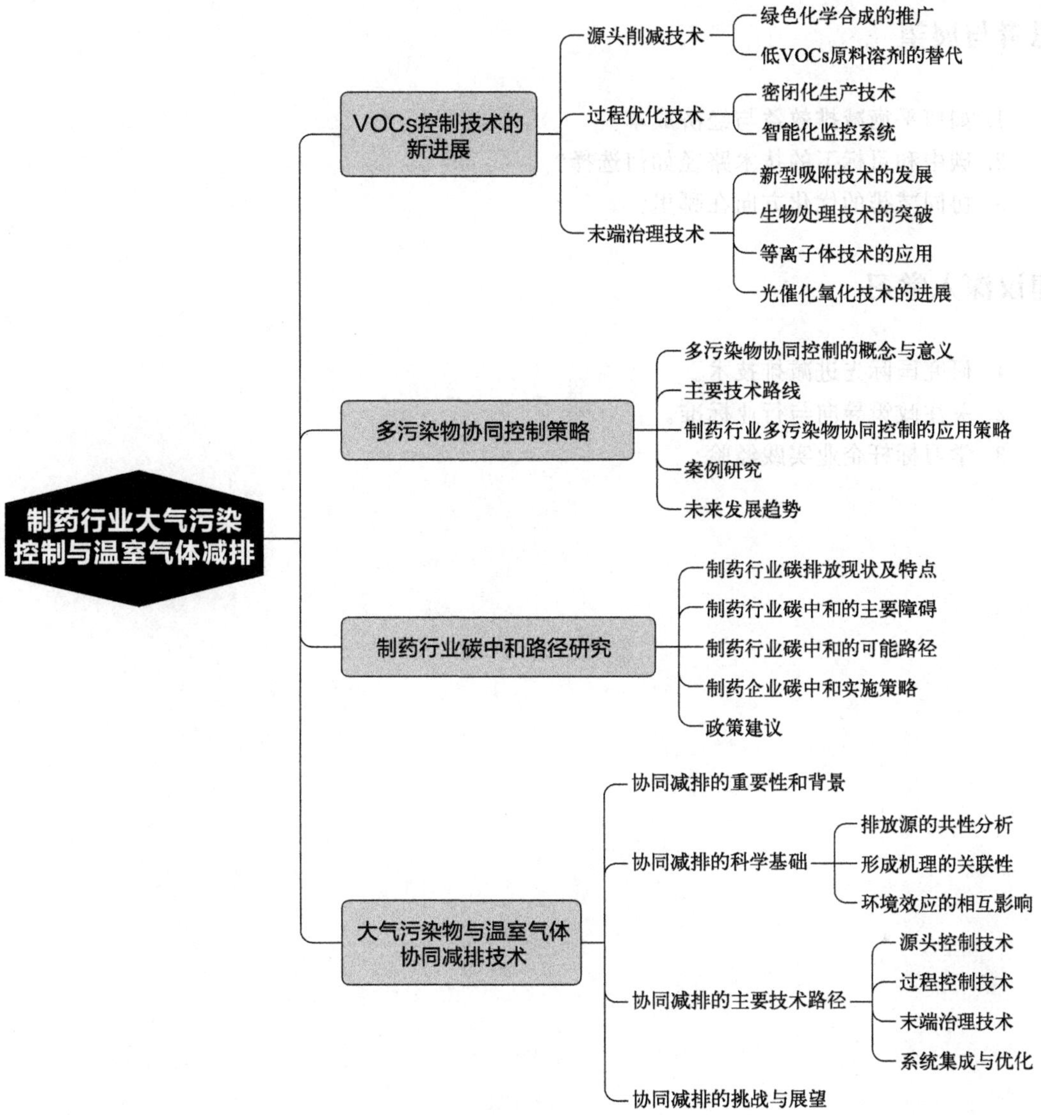

图 6-1　第 6 章内容框架

关键词

大气污染、VOCs 控制、协同减排、碳中和、温室气体、源头削减、末端治理、减排技术、绿色发展、工艺优化。

关键启示

1. 系统治理是提升环境效益的关键。
2. 协同减排是未来发展的必然趋势。
3. 技术创新是实现减排目标的核心动力。

思考与展望

1. 如何平衡减排效益与经济成本？
2. 碳中和目标下的技术路径如何选择？
3. 协同减排的优化方向在哪里？

建议深入学习

1. 研究国际先进减排技术。
2. 关注政策导向与行业标准。
3. 学习标杆企业实践经验。

第7章

制药固体废物资源化与循环经济

制药固体废物的资源化利用与循环经济发展是行业转型升级的重要方向。本章将系统探讨制药废弃物资源化利用、危险废物减量化、循环经济模式构建等关键议题，为制药企业实现绿色可持续发展提供新思路。

在资源约束加剧和环保要求提升的背景下，传统的废物处理方式已难以满足行业发展需求。如何实现废物资源化，如何构建循环经济模式，如何推进全生命周期管理，已成为制药企业转型升级的关键课题。

本章将引导读者：

✓ 掌握废弃物资源化利用的新方法。

✓ 了解危险废物减量化技术创新。

✓ 理解循环经济模式的构建策略。

✓ 把握废弃药品全生命周期管理。

✓ 探索中药渣资源化利用路径。

通过本章学习，读者将建立制药固体废物管理的创新思维，为企业实现循环发展提供实践指导。

7.1 制药废弃物资源化利用的新方法

随着全球环保意识的不断增强和资源紧张问题的日益突出，制药行业在可持续发展中所面临的环境压力愈加严峻。制药废弃物的产生已成为制药企业面临的重大挑战之一。传统的废弃物处理方法，如填埋、焚烧等，不仅无法有效减少废弃物体积，反而可能导致二次污染和资源浪费。为此，制药废弃物的资源化利用成为实现行业可持续发展的重要方向。

近年来，随着环保技术的飞速发展，制药废弃物的资源化利用已不再局限于简单的物理处理，而是通过创新的技术手段将废弃物转化为有价值的资源。生物技术、纳米技术、膜分离技术等新兴技术的应用，不仅提高了废弃物处理效率，还降低了成本，助力废弃物的有效回收与再利用。此外，产业链协同与智能化系统的引入，为废弃物的全生命周期管理提供了更加精准与高效的解决方案。

本节将探讨制药废弃物资源化利用的新技术、新模式和面临的挑战，展望未来该领域的发展趋势，旨在为制药行业提供新的思路与实践路径，推动绿色制药和循环经济的深度融合。

7.1.1 制药废弃物资源化利用的重要性

制药行业作为关系国计民生的基础产业，长期以来为人类健康提供了重要保障。然而，随着生产规模的扩大，废弃物的产生量也急剧增加，这些废弃物不仅涵盖了生产过程中的固体、液体和气体废弃物，还包括不合格或过期药品。传统的废弃物处置方式如填埋和焚烧，虽然能够暂时解决废弃物处理问题，但往往造成资源的浪费，并可能带来环境污染，甚至影响人类健康。

在全球环境压力日益增大的背景下，制药废弃物的资源化利用已成为制药行业可持续发展的关键路径。通过采用先进技术，将废弃物转化为有价值的资源，不仅能减少环境污染，还能创造新的经济效益，进而实现经济与环境双赢。资源化利用不仅是对传统废弃物处理方式的革新，更是响应国家循环经济政策和绿色发展战略的重要举措，助力制药行业向绿色化、智能化、低碳化转型。

7.1.2 制药废弃物资源化利用的新技术

7.1.2.1 生物技术在废弃物处理中的应用

生物技术在制药废弃物资源化利用中的应用日益受到重视，作为绿色、环保的处理方法，生物技术能够高效、低能耗地处理复杂的制药废弃物。微生物降解是目前应用最广泛的技术之一。科学家通过筛选适应性强的微生物菌株，成功实现了药物残留的高效降解。部分放线菌、真菌和细菌能够降解抗生素、激素类药物等复杂有机物，转化为无害物质或有机肥料，既清洁了环境，又实现了废弃物的资源化利用。

此外，酶工程的进展同样推动了废弃物处理技术的发展。通过基因工程手段改造酶类，可以提高某些难降解药物的分解速率，且无需高温或强酸条件，降低了能耗并提高了效率。比如，经过改造的漆酶可以有效降解激素类药物残留，将降解产物作为化工原料重新利用。

7.1.2.2 纳米技术在废弃物回收中的创新应用

纳米技术的应用为废弃物的资源化利用提供了创新性解决方案。纳米材料具有巨大的比表面积和高反应活性，这使其在吸附、分解以及催化过程中展现出了独特优势。例如，磁性纳米材料可高效吸附水中的重金属离子和有机污染物，实现资源的回收。回收的金属元素可以经过进一步的纯化，用于制药生产，完成资源的循环利用。

纳米催化剂在废弃药品的降解过程中也有了显著应用。例如，二氧化钛纳米催化剂在光照条件下能够降解抗生素、抗病毒药物等药品残留物，将其转化为更易处理的简单化合物。

这样的降解产物不仅无害，还能作为化学合成的原料，进一步推动废弃物的资源化。

7.1.2.3　膜分离技术在废水处理中的新进展

膜分离技术因其高效、节能的特性，在制药废弃物资源化利用方面展现出巨大潜力。尤其是近年来，膜材料的创新和膜工艺的优化为制药废水的回收利用提供了有力支持。以纳滤膜为例，能够有效去除废水中的有机物和无机盐，不仅能回收水资源，还能分离出具有经济价值的化合物。

膜生物反应器（MBR）技术的引入将生物降解与膜分离技术结合，能够高效去除废水中的有机污染物，同时实现水资源的循环使用。某些制药企业已经实现 MBR 技术处理后的废水回用，实现了水资源的节约和环境保护。

7.1.3　制药废弃物资源化利用的新模式

7.1.3.1　产业链协同模式

制药废弃物的资源化利用不仅局限于制药行业内部，跨行业的协同合作模式正在成为一大趋势。制药企业通过与化工、能源等行业的深度合作，实现废弃物的资源化利用。例如，某些制药企业与化工企业合作，将生产过程中产生的有机溶剂废液精馏提纯后再利用，极大提高了资源利用效率。类似地，某些生物制药企业还将发酵废渣用于生物质能源生产，利用厌氧发酵产生沼气，既能解决废弃物处理问题，又为企业提供了清洁能源。

7.1.3.2　智能化资源回收系统

随着信息技术的飞速发展，智能化资源回收系统逐渐在制药废弃物资源化利用中占据重要地位。这种系统集成了物联网、大数据分析与人工智能算法，可以全面监控废弃物的产生、分类、运输及处理全过程，实现废弃物管理的精细化与智能化。

例如，某制药企业采用物联网技术，通过智能标签实时监控废弃物的流转情况，数据系统能够根据历史数据优化废弃物收集与处理计划，进一步提升资源化利用的效率和准确性。人工智能算法还可用于自动识别不同类型的废弃物，使得分类、处理过程更加精确。

7.1.4　制药废弃物资源化利用面临的挑战与展望

尽管制药废弃物资源化利用技术已取得显著进展，但仍面临一定挑战。技术层面，许多新兴处理技术尚处于研发阶段，应用过程中仍存在效率低、成本高等问题。经济性方面，尽管许多资源化技术在理论上可行，但其市场推广面临着较高的经济门槛。

此外，政策法规的滞后性和标准的不完善，也制约了废弃物资源化技术的普及。未来，随着技术研发的深入，尤其是新材料和新工艺的不断创新，处理效率和成本有望大幅度优化。大数据和人工智能的应用将使废弃物管理更为智能化、精细化。同时，国家政策的引导和支持、法规的完善将有力推动跨行业协同和资源化利用模式的普及。

总之，制药废弃物资源化利用作为绿色制药的重要组成部分，前景广阔。通过技术创新、模式创新与智能化管理，制药行业在废弃物处理上有望实现质的突破，为实现循环经济目标、推动绿色发展做出更大贡献。

7.2 危险废物减量化技术创新

随着制药行业的不断发展，药品生产过程中产生的危险废物问题日益突出。传统的废物处理方法虽然在一定程度上缓解了环境压力，但仍存在处理成本高、二次污染等问题。在这种背景下，如何有效减少危险废物的产生，成为制药企业实现可持续发展的核心挑战之一。危险废物的减量化不仅是提高环境保护水平的必要手段，也是提升企业经济效益、增强社会责任感的重要途径。

本节将重点介绍制药行业中一系列创新的危险废物减量化技术，包括源头减量、过程优化、末端处理等方面的技术进展。通过绿色合成路线、溶剂替代与回收技术、连续流反应技术等创新手段，制药行业能够在减少废物的同时提升生产效率和资源利用率。此外，先进的末端处理技术如高级氧化和资源化处理方法，也为废物的最终处理和资源化利用提供了新的解决方案。未来，随着科技的进一步发展和产业需求的变化，危险废物减量化技术将更加精准、高效，为制药行业的可持续发展提供有力支持。

7.2.1 危险废物减量化的重要性

在制药行业中，危险废物的产生几乎是无法避免的。此类废物通常具有毒性、腐蚀性、易燃性或反应性等特性，如果处理不当，将对环境和人类健康造成严重威胁。传统的危险废物处理方法如焚烧和填埋，虽然能够解决一部分问题，但往往会带来二次污染、高能耗和高成本等负面影响。因此，从源头减少危险废物的产生，即实现危险废物的减量化，成为制药行业实现可持续发展的关键策略之一。

危险废物减量化不仅有助于降低企业的环境风险和处理成本，还能提高资源利用效率，减少原材料消耗，从而提升企业的经济效益和社会效益。随着环保法规日益严格，危险废物减量化已经成为制药企业履行社会责任、提升品牌形象的重要途径。为了实现这一目标，开发和应用创新的危险废物减量化技术，成为制药行业技术进步的主要方向之一。

7.2.2 源头减量技术创新

7.2.2.1 绿色合成路线的开发

在制药过程中，合成路线的选择直接影响危险废物的产生量。传统的合成路线往往涉及多步反应，使用大量有机溶剂和危险试剂，导致大量废弃物的生成。近年来，绿色化学理念的推广推动了新型绿色合成路线的研发，显著减少了危险废物的产生。

例如，某抗癌药物的传统合成路线需要经历 8 步反应，每生产 1kg 产品便产生约 4000kg 废弃物。通过采用生物催化和连续流反应技术，研究人员开发了新的合成路线，将反应步骤减少至 3 步，废弃物的产生量降低了 75%。这种新型合成路线不仅大幅减少了危险废物的产生，还提高了产品的收率，降低了生产成本。

7.2.2.2 溶剂替代与回收技术

有机溶剂是制药过程中产生的主要危险废物之一。为了减少有机溶剂的使用和排放，研究人员开发了一系列创新技术，其中超临界流体技术成为一个重要突破。超临界二氧化碳作为一种绿色溶剂，可以替代传统的有机溶剂用于药物提取和纯化过程。这种技术不仅减少了有机溶剂的使用，还能提高产品纯度，降低能耗。

另一个重要方向是溶剂回收技术的创新。新型膜分离技术的应用，使有机溶剂的回收效率大幅提高。例如，某制药企业采用渗透汽化膜技术回收乙醇水混合物，回收率高达99%，不仅减少了废液排放，还降低了原料成本。此外，智能溶剂回收系统的开发也取得显著进展。该系统能够根据溶剂组成自动调整回收参数，实现多种溶剂的高效分离和回收。

7.2.3 过程优化技术创新

7.2.3.1 连续流反应技术

连续流反应技术近年来成为制药工艺优化的重要方向之一。与传统的批次反应相比，连续流反应具有反应条件可控、热量传递效率高、反应时间短等优点，能够显著减少副产物的生成，从而减少危险废物的产生。

例如，在某抗生素的生产过程中，采用连续流微反应器替代传统的搅拌釜反应器，不仅将反应时间从8小时缩短到20分钟，还将副产物的生成量降低了60%。此外，连续流反应可以与在线监测和自动控制技术相结合，实时优化反应参数，进一步提高产品收率，减少废物产生。

7.2.3.2 精准控制与智能制造

随着工业4.0时代的到来，精准控制与智能制造技术在制药行业中的应用日益广泛，为危险废物减量化提供了新的可能性。通过采用先进的传感器技术和数据分析算法，生产过程可以实现更加精准的控制，减少原料浪费和不合格品的产生。

例如，某制药企业在片剂生产线上应用了基于机器视觉的智能检测系统，能够实时监测药片的重量、硬度和外观等参数。一旦检测到异常，系统便会自动调整生产参数或停止生产，从而大幅减少不合格品的产生。另一个案例是利用人工智能算法优化发酵过程。通过分析历史生产数据，系统能够预测最佳的发酵条件，从而提高产品收率，减少废弃物的生成。

7.2.4 末端处理技术创新

7.2.4.1 高级氧化技术

尽管源头减量和过程优化是危险废物管理的首选策略，但对于无法避免产生的危险废物，高效的末端处理技术仍然至关重要。高级氧化技术是近年来快速发展的处理方法之一，能够有效降解难处理的有机污染物。

光催化氧化是其中一个重要方向。研究人员开发了新型纳米光催化材料，在可见光照射下就能高效降解多种药物残留和有机溶剂。这种技术不仅处理效果优良，还能在常温常压下进行，能耗低，环境友好。另一个创新是等离子体技术与生物处理的结合。等离子体技术能够快速分解复杂有机物，之后通过生物处理进一步降解中间产物，实现危险废物的深度处理。

7.2.4.2　资源化处理技术

将危险废物转化为有价值的资源是减量化的最终目标。近年来，一些创新的资源化处理技术取得了重要进展。例如，某制药企业开发了一种将含氮有机废液转化为氮肥的新工艺。这种工艺通过催化氧化将有机氮转化为硝酸盐，不仅解决了废液处理问题，还生产出了具有高附加值的化肥产品。

另一个创新案例是利用微生物发酵技术处理含有机物的危险废液。通过筛选特定的微生物菌株，研究人员成功地将这些废液转化为生物塑料的原料。这种方法不仅减少了危险废物的排放，还为生物可降解材料的生产提供了新的原料来源。

7.2.5　危险废物减量化的未来展望

随着科技的不断进步，危险废物减量化技术仍有广阔的发展空间。未来，人工智能和大数据技术的深入应用，将使生产过程的优化更加精准高效。新材料技术的突破，也将为清洁生产和废物处理提供更多的可能性。此外，随着循环经济理念的深化，跨行业的废物资源化利用模式也将得到更广泛的应用。

然而，技术创新仍面临不少挑战。如何平衡减量化技术的环境效益与经济效益，如何推动新技术的规模化应用，以及如何建立更为完善的政策与标准体系，都是亟待解决的关键问题。只有通过产学研的协同创新，以及政府、企业和社会各方的共同努力，才能推动危险废物减量化技术不断前进，为制药行业的可持续发展做出更大的贡献。

7.3　制药行业循环经济模式构建

传统的线性经济模式已经无法满足现代社会对绿色、环保、高效生产的需求，亟须探索新的发展路径。循环经济作为一种资源再利用、再生和价值最大化的经济发展模式，为制药行业提供了有效的解决方案。

制药行业的生产过程通常涉及大量的原料消耗、废弃物排放和能源消耗，给环境带来了较大的负担。因此，构建符合制药行业特点的循环经济模式，不仅是应对资源匮乏和环境污染问题的迫切需求，更是推动行业绿色转型、提升竞争力的重要途径。通过采用全生命周期管理、清洁生产、资源循环利用等策略，制药企业不仅能够有效降低生产成本和环境风险，还能为社会创造更多的经济价值和环境效益。

在本节中，我们将深入探讨制药行业循环经济模式的构建，分析其在实践中的应用与创新，提出未来的发展方向。通过对技术创新、商业模式、绿色供应链等方面的探讨，展望制药行业在推动循环经济模式方面的巨大潜力与挑战。

7.3.1 循环经济在制药行业中的重要性

循环经济作为一种新型经济发展模式，强调资源的高效利用与循环再生，对于解决制药行业所面临的资源消耗过大、污染排放严重等问题具有重要意义。传统的线性经济模式下，制药行业往往存在原料利用率低、废弃物处理成本高、环境负荷大等问题。与之相比，循环经济模式通过闭环设计、资源再生和价值最大化，能够有效提高资源利用效率，减少环境污染，同时为企业带来新的经济增长点。

在全球资源日益紧张、环境压力持续加大的背景下，构建制药行业循环经济模式已成为行业可持续发展的必然选择。这不仅是响应国家绿色发展战略的重要举措，也是提升企业竞争力、实现经济效益与环境效益双赢的有效途径。通过循环经济模式的实施，制药企业可以降低生产成本，提高资源利用效率，减少环境风险，同时提升企业形象，增强社会责任感，进一步推动绿色制药理念的发展。

7.3.2 制药行业循环经济模式的基本框架

7.3.2.1 产品全生命周期管理

在制药行业循环经济模式中，产品全生命周期管理是核心概念之一。这种管理方法要求在药品的研发设计阶段便考虑到其整个生命周期的环境影响和资源消耗。例如，研发人员在新药开发过程中，会优先选择环保原料和合成路线，设计可回收利用的包装材料，探索高效的生产工艺，从而最大程度地减少资源浪费和环境污染。

通过全生命周期管理，制药企业可以在产品设计阶段就充分考虑到后续的生产、使用及废弃环节。例如，某制药公司在开发新型抗生素时，采用了生物催化技术替代传统的化学合成方法，不仅提高了原料利用率，还减少了有机溶剂的使用，显著降低了生产过程中废弃物的产生量。

7.3.2.2 清洁生产与资源循环利用

清洁生产是制药行业循环经济模式的重要组成部分，旨在通过采用先进技术和管理方法，最大限度地减少污染物的产生。例如，采用连续流反应技术替代传统批次反应方法，不仅能显著提高反应效率，还能减少副产物生成。通过过程优化和精准控制，制药企业可以减少原料浪费，进一步提升产品收率。

资源循环利用则通过将生产过程中产生的废弃物转化为有价值的资源，达到废物减量与资源最大化利用的目的。例如，某制药公司开发了溶剂回收系统，能够高效回收生产中使用的有机溶剂，回收率高达 95%。这一技术不仅降低了废液排放，还大幅度减少了原料采购成本。另一个成功案例是某企业将发酵废液转化为生物肥料，既解决了废液处理问题，又创造了新的经济价值。

7.3.2.3 绿色供应链管理

绿色供应链管理是将循环经济理念延伸到整个产业链的重要策略。制药企业不仅需要关注自身生产过程，还应当积极与上下游合作伙伴共同推动绿色发展。例如，某大型制药企业与原料供应商共同开发可生物降解的药品包装材料，这种材料不仅减少了塑料污染，还能在使用后转化为有机肥料，提升了资源的再利用价值。

此外，绿色供应链管理还体现在药品回收系统的建设上。通过与药店、医院的合作，制药企业建立了药品回收网络，有效回收过期或未使用的药品，既能防止药品滥用，又能为废弃药品的资源化处理提供有效途径。

7.3.3 制药行业循环经济模式的创新实践

7.3.3.1 生物制药领域的循环经济模式

生物制药作为制药行业的重要分支，具有资源高效利用和废弃物再生的独特优势。生物发酵过程产生的废弃物通常含有丰富的有机物和营养成分，具有很高的资源化利用价值。例如，某生物制药企业开发了一种创新的废弃物处理系统，将发酵废液中的蛋白质和氨基酸提取出来，用作动物饲料添加剂，剩余废液则通过厌氧发酵产生沼气为工厂提供部分能源。这种创新模式不仅解决了废弃物处理问题，还创造了新的经济价值，实现了资源的多级利用。

另外，基因工程技术在生物制药领域的应用也促进了循环经济模式的创新。例如，通过代谢工程手段，研究人员开发了一种微生物菌株，能够在生产抗生素的同时合成生物塑料原料。这一“多重功能”模式不仅提高了资源利用效率，还推动了生物制药领域的绿色转型。

7.3.3.2 化学制药的绿色转型

化学制药行业面临的环境压力较大，绿色转型面临较多挑战，但技术创新和管理优化已使得一些化学制药企业在循环经济领域取得了显著进展。例如，某企业采用超临界流体技术替代传统有机溶剂提取方法，利用超临界二氧化碳作为进行提取，不仅提高了提取效率，而且避免了有机溶剂的使用及排放。提取后的二氧化碳可循环再利用，实现了近乎零排放的清洁生产。

另外，某制药产业园通过建设废物交换网络，实现了园区内企业之间的废物共享和交换。例如，一家企业的废酸可作为另一家企业的原料使用，减少了废物处理量并降低了原料采购成本。这种产业共生模式充分体现了循环经济的核心理念，促进了资源的高效利用。

7.3.4 制药行业循环经济模式的实施策略

7.3.4.1 技术创新与数字化转型

技术创新是推动制药行业循环经济模式构建的关键动力。除了传统的绿色工艺技术，数字化转型也为循环经济的实施提供了全新工具。例如，利用物联网技术和大数据分析，制药企业可以实现生产过程的实时监控与优化，提高资源利用率、减少废弃物排放。通过人工智能技术，制药公司可以在新药研发过程中加速优化合成路线，从而减少不必要的原料浪费和废弃物产生。

7.3.4.2 商业模式创新

循环经济模式的成功实施不仅依赖于技术创新，还需伴随商业模式的创新。例如，“产品即服务”模式在制药行业的应用，有助于企业关注产品的全生命周期管理。某医疗器械公司通过租赁模式提供医疗设备，不仅降低了医院采购成本，还确保了设备的高效使用与维护，延长了设备的使用寿命并减少了废弃物的产生。

此外，制药企业也可以通过建立“逆向物流”系统回收未使用或过期的药品，既能防止药品滥用，也为废弃药品的资源化处理提供了新的解决途径。

7.3.5 制药行业循环经济模式的未来展望

随着技术的不断进步和政策的不断支持，制药行业循环经济模式的发展前景广阔。未来，制药企业可能会与其他行业形成跨领域合作，共同推动资源的循环利用。例如，制药废弃物有望成为新材料或新能源产业的原料来源。

然而，循环经济模式的全面实施仍面临技术瓶颈、经济可行性不足和政策法规不完善等挑战。只有通过政府、企业、科研机构及社会各界的共同努力，才能推动制药行业循环经济模式的深入发展，实现经济效益、环境效益和社会效益的协调统一。

7.4 废弃药品回收与处理的全生命周期分析

废弃药品的回收与处理是制药行业环保工作的一个重要环节，涉及的范围广泛且复杂。随着药品种类的增多和使用量的扩大，废弃药品的数量也在不断增加。若不加以合理回收和处理，废弃药品将可能对环境、生态和公共健康造成严重影响。因此，制定科学的废弃药品处理方法，进行全生命周期分析，以评估其环境和资源影响，已成为推动药品行业绿色可持续发展的必要举措。本节将从废弃药品的来源与分类、环境风险评估、回收体系、处理技术以及全生命周期评估等方面进行详细探讨。

7.4.1 废弃药品的来源与分类

废弃药品包括过期、变质、污染或不再需要使用的药品，来源广泛，涉及医疗机构、药品生产企业、零售药店以及家庭等多个渠道。医疗机构废弃药品主要包括过期药品、治疗过程中剩余的药品以及因各种原因无法继续使用的药品。例如，在一些大型医院中，每年都会产生大量的废弃药品，其中包括抗生素、抗肿瘤药物等，种类繁多，数量庞大。生产企业废弃药品主要来源于生产过程中产生的不合格药品以及过期的原料药，这些药品因质量问题无法进入市场，必须妥善处理。此外，零售药店也会产生废弃药品，主要是过期或因包装破损等原因无法销售的药品。家庭也是废弃药品的重要来源，许多家庭储存的过期药品或未用完的处方药最终被遗弃，但这一来源往往被忽视。统计数据显示，平均每个四口之家每年产生的废弃药品约为1kg。

7.4.2 废弃药品的环境风险评估

废弃药品如果处理不当，可能对环境造成严重的负面影响，尤其是在水体、土壤和空气中积累时，不同类型的药品具有不同的环境风险。例如，抗生素类药品进入环境后，可能会导致耐药性细菌的出现，从而对公共健康构成潜在威胁。研究显示，某些污水处理厂出水中存在抗生素类药物的残留，浓度范围通常在 0.1～10μg/L 之间。激素类药品，即使在极低浓度下也能对水生生物的内分泌系统造成影响，甚至导致鱼类雌性化现象。此外，抗肿瘤药物具有较强的细胞毒性，可能对水生生态系统和其他生物造成危害。精神类药物残留在水体中时，还可能影响水生生物的行为，改变其攻击性或社交行为。因此，废弃药品的环境风险评估至关重要，需要从药品种类、浓度、生态影响等多个方面进行深入研究。

7.4.3 废弃药品的回收体系

废弃药品的回收是减少环境污染的重要环节。为有效应对废弃药品对环境的潜在威胁，许多地区已建立起较为完善的废弃药品回收体系。回收体系的核心在于设置合理的回收点、宣传教育、建立激励机制和信息化管理。例如，许多城市已在社区、药店、医院等地设置了废弃药品回收箱，方便公众进行废弃药品投放。同时，通过媒体和地方政府合作开展宣传活动，提升公众对废弃药品回收的认知和参与度。为了激励公众参与回收，一些药店和医院也推出了奖励措施，例如回收一定重量的废弃药品可获得购药优惠。信息化管理则通过现代技术手段对废弃药品的回收和处理进行全程追踪，从而提高管理效率，减少人为错误，并确保处理过程透明、可追溯。

7.4.4 废弃药品的处理技术

废弃药品的处理技术是确保药品安全销毁的重要保障。目前，常见的废弃药品处理技术包括高温焚烧、化学处理、生物降解和高级氧化技术。高温焚烧是最常用的废弃药品处理方法之一，它通过高温将药品中的活性成分彻底销毁，通常可达到 99.99%的处理效率。化学处理则通过化学反应使药品失活，某些新型催化剂可以提高处理效率，使得一些难以处理的药物也能被分解。生物降解是利用微生物降解药品，这种方法对环境友好，且处理过程较为绿色。对于一些难降解的药物，采用高级氧化技术，如臭氧和过氧化氢联合氧化系统，可以有效去除药物残留，去除效率常常超过 95%。

7.4.5 废弃药品处理的全生命周期评估

对废弃药品的处理进行全生命周期评估，可以更全面地了解各种处理方法的环境影响，从而选择最适合的处理技术和管理策略。全生命周期评估通常包括四个主要阶段：收集运输阶段、预处理阶段、处理阶段和最终处置阶段。在收集运输阶段，评估回收过程中的能源消耗和碳排放，优化回收路线可以大大降低运输过程中的能耗。预处理阶段主要关注分类、包装拆解等环节的资源消耗。处理阶段的评估则涉及各种处理技术的能源消耗、二次污染以及可能的环境影响。最终处置阶段则评估处理后残渣的环境风险，确保废弃药品处理后的残渣不会对环境造成进一步污染。通过全生命周期评估，能够帮助政策制定者和企业权衡各种废弃药品处理方法的优缺点，做出更加科学的决策。

综上所述，废弃药品的回收与处理是一个复杂且具有挑战性的系统工程，涵盖了废弃药品的来源、环境风险、回收体系建设、处理技术的选择和全生命周期评估等多个方面。只有通过建立完善的回收和处理体系，并结合科学的生命周期管理，才能有效降低废弃药品对环境和公共健康的影响，为制药行业的绿色可持续发展奠定基础。

7.5　中药渣的资源化利用

随着中医药产业的蓬勃发展，中药渣作为中药生产和使用过程中的副产品，其处理和资源化利用已成为一个重要议题。每年我国产生的中药渣高达 1000 万吨，若不加以有效处理和利用，不仅浪费了大量宝贵资源，还可能对环境造成负担。因此，实现中药渣的资源化利用，不仅具有较大的经济效益，也符合可持续发展的需求。本节将详细探讨中药渣的特性及资源化利用的主要方向，并分析面临的挑战及应对策略。

7.5.1　中药渣的产生与特性

中药渣作为中药生产和应用过程中的固体废物，主要来源于中药饮片加工、制剂生产和煎煮等环节。

中药渣的特性复杂。首先，其成分多样，含有多种有机物质和无机元素。例如，某研究对常见的 10 种中药渣进行分析，发现其中含有纤维素、半纤维素、木质素等有机物，以及钾、钙、镁等矿物元素。其次，含水量高，一般在 60%～80%之间，这增加了运输和处理的难度。最后，部分中药渣可能含有残留的有效成分或次生代谢产物，具有一定的生物活性。例如，有研究发现，人参渣中仍含有 5%～10%的皂苷类物质。

7.5.2　中药渣资源化利用的主要方向

7.5.2.1　有效成分的深度提取

中药渣中的有效成分，经过煎煮或提取后，通常仍有一定量的残留。通过采用先进的提取技术，可以进一步从中药渣中提取这些有价值的物质。例如，某制药企业采用超临界 CO_2 萃取技术对丹参渣进行处理，成功提取出丹参酮类化合物，提取率比传统方法提高了 30%。另一项研究采用微波辅助提取技术从黄芪渣中提取多糖，得到的产品纯度高达 90%以上。这些提取物不仅可以作为功能性原料，还能广泛应用于保健品、化妆品等领域，提供了丰富的市场潜力。

7.5.2.2 生物质能源转化

中药渣含有丰富的有机物质，因此是理想的生物质能源原料。通过生物质能转化技术，可以将中药渣转化为生物燃料。例如，某研究团队利用厌氧发酵技术成功将中药渣转化为沼气，每吨中药渣可产生约200立方米的沼气，热值相当于120千克标准煤。此外，另一项研究探讨了利用中药渣制备生物炭的可行性，结果表明中药渣为原料的生物炭具有优异的吸附性能，可用于水处理和土壤改良。

7.5.2.3 有机肥料生产

中药渣富含有机质和多种矿物元素，是制备有机肥料的优质原料。通过堆肥、发酵等工艺，可以将中药渣转化为高品质的有机肥料。某农业科研机构开发出一种中药渣复合发酵技术，将多种中药渣与畜禽粪便混合发酵，生产出的有机肥料不仅养分含量高，还具有一定的抑菌作用。田间试验表明，使用这种有机肥料的蔬菜产量比普通有机肥提高了15%，品质也有明显改善。

7.5.2.4 功能性材料开发

中药渣中所含的纤维素、多糖等成分，也可以用来开发各种功能性材料。例如，某研究团队利用中药渣制备了一种新型的生物降解塑料，这种材料不仅具有良好的力学性能，还表现出一定的抗菌活性。另一项研究探索了利用中药渣制备活性炭的可行性，结果显示，某些中药渣为原料制备的活性炭比表面积可达$1000m^2/g$以上，具有优异的吸附性能。

7.5.3 中药渣资源化利用的关键技术

7.5.3.1 预处理技术

中药渣含水量较高、成分复杂，预处理是资源化利用的关键步骤。常用的预处理技术包括干燥、粉碎、分级等。例如，某企业开发出一种低温真空干燥技术，可以在保持中药渣有效成分的同时，将含水率降低到10%以下。另一项研究探索了超声波辅助粉碎技术，这种方法不仅可以显著提高粉碎效率，还能促进细胞壁破碎，有利于后续的提取过程。

7.5.3.2 绿色提取技术

为了提高提取效率并减少环境影响，绿色提取技术被广泛研究和应用。超临界流体提取、微波辅助提取、酶法提取等技术在中药渣处理中表现出巨大潜力。例如，某研究团队利用超声波辅助酶解技术处理人参渣，不仅提高了多糖的提取率，还缩短了提取时间，能耗比传统方法降低了40%。

7.5.3.3 生物转化技术

通过利用微生物或酶的作用，可以将中药渣中的一些成分转化为更有价值的物质。这种生物转化技术不仅环境友好，还能提高资源利用效率。例如，某研究团队利用特定乳酸菌菌株对黄芪渣进行发酵，成功将其中的黄酮类化合物转化为更易吸收的苷元形式，从而提高了其生物利用度。

7.5.3.4 复合利用技术

单一的利用方式难以充分发挥中药渣的全部价值，因此复合利用技术成为研究热点。这种技术通过多步骤、多途径的处理，实现中药渣的梯级利用。例如，某制药企业开发出一套中药渣综合利用系统，首先通过超临界 CO_2 提取残留的有效成分，然后将提取后的渣体用于生产生物炭，最后将生物炭制备过程中产生的热能用于厂区供暖，实现了中药渣的全组分利用。

7.5.4 中药渣资源化利用的经济效益分析

中药渣资源化利用不仅能够减少环境污染，还能为企业创造可观的经济效益。某大型中药企业每年产生约 5 万吨中药渣，通过建立综合利用系统，年创造经济效益超过 1 亿元。深度提取有效成分、通过厌氧发酵生产沼气、生物炭的生产以及功能性材料的开发等多个领域的应用，都为企业带来了可持续的经济增长。

7.5.5 中药渣资源化利用面临的挑战与对策

尽管中药渣资源化利用前景广阔，但在推广过程中仍面临一些挑战。包括技术瓶颈、质量标准缺失、市场接受度不足、政策支持不足及跨行业合作不足等问题。为了克服这些挑战，建议加强基础研究、制定完善的质量标准、开展科普宣传、出台相关支持政策，并推动跨行业合作，以推动中药渣资源化利用产业的发展。

7.6 总结

本章系统阐述了制药固体废物资源化与循环经济发展的关键技术与策略，深入探讨了废物资源化利用、危废减量、循环经济模式、全生命周期管理等重要内容，为读者提供了全面的废物管理解决方案。

本章的框架如图 7-1 所示。

关键词

固体废物、资源化利用、危废减量、循环经济、全生命周期、中药渣、技术创新、模式构建、绿色发展、可持续管理。

关键启示

1. 资源化利用是废物管理的发展方向。

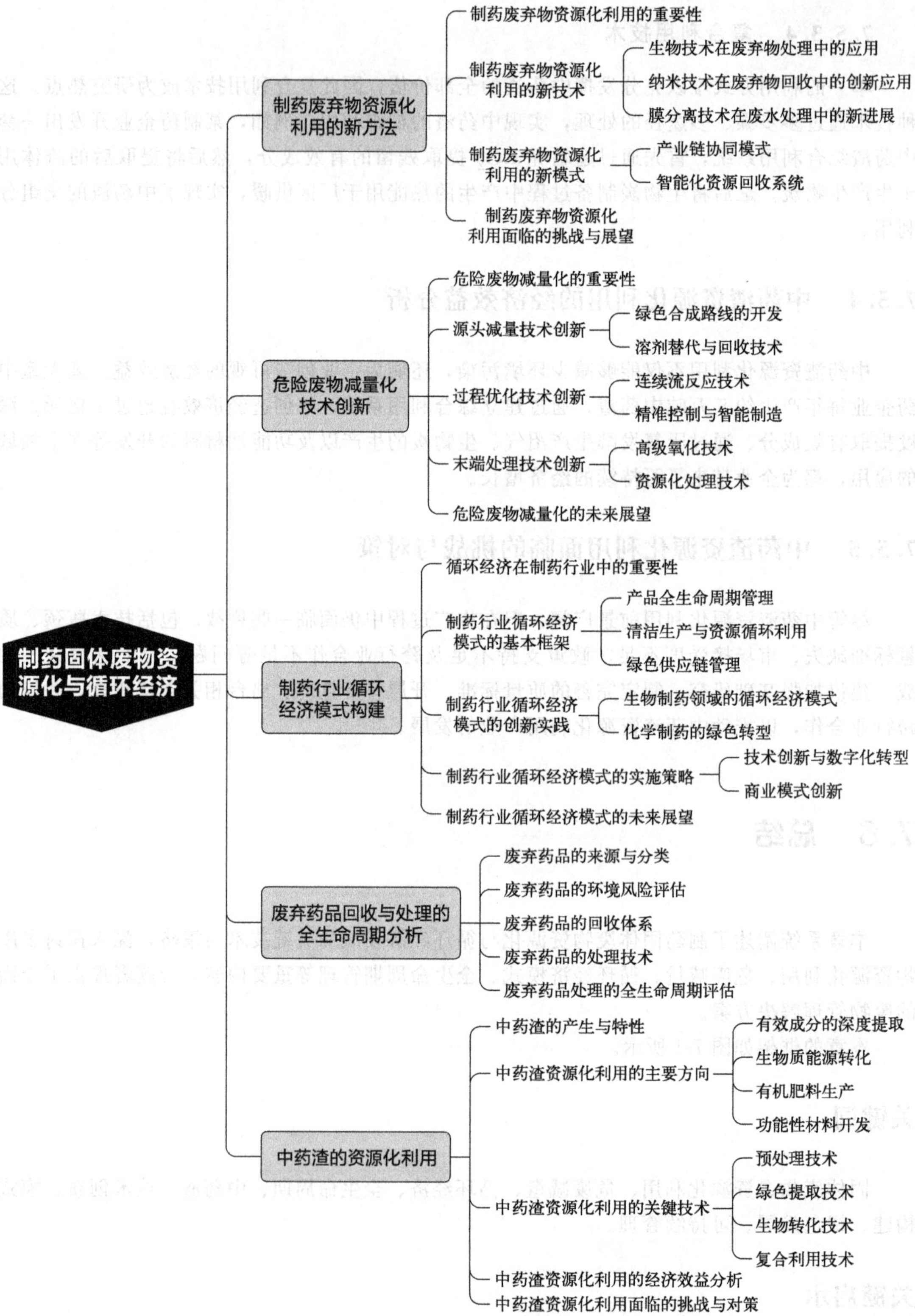
制药固体废物资源化与循环经济
制药废弃物资源化利用的新方法
制药废弃物资源化利用的重要性
制药废弃物资源化利用的新技术
生物技术在废弃物处理中的应用
纳米技术在废弃物回收中的创新应用
膜分离技术在废水处理中的新进展
制药废弃物资源化利用的新模式
产业链协同模式
智能化资源回收系统
制药废弃物资源化利用面临的挑战与展望
危险废物减量化技术创新
危险废物减量化的重要性
源头减量技术创新
绿色合成路线的开发
溶剂替代与回收技术
过程优化技术创新
连续流反应技术
精准控制与智能制造
末端处理技术创新
高级氧化技术
资源化处理技术
危险废物减量化的未来展望
制药行业循环经济模式构建
循环经济在制药行业中的重要性
制药行业循环经济模式的基本框架
产品全生命周期管理
清洁生产与资源循环利用
绿色供应链管理
制药行业循环经济模式的创新实践
生物制药领域的循环经济模式
化学制药的绿色转型
制药行业循环经济模式的实施策略
技术创新与数字化转型
商业模式创新
制药行业循环经济模式的未来展望
废弃药品回收与处理的全生命周期分析
废弃药品的来源与分类
废弃药品的环境风险评估
废弃药品的回收体系
废弃药品的处理技术
废弃药品处理的全生命周期评估
中药渣的资源化利用
中药渣的产生与特性
中药渣资源化利用的主要方向
有效成分的深度提取
生物质能源转化
有机肥料生产
功能性材料开发
中药渣资源化利用的关键技术
预处理技术
绿色提取技术
生物转化技术
复合利用技术
中药渣资源化利用的经济效益分析
中药渣资源化利用面临的挑战与对策

图 7-1 第 7 章内容框架

2. 循环经济模式是行业转型的必然选择。
3. 技术创新是实现资源化的核心动力。

思考与展望

1. 如何提升废物资源化的经济效益？
2. 循环经济模式构建的关键要素是什么？
3. 全生命周期管理的优化方向在哪里？

建议深入学习

1. 研究国际先进资源化技术。
2. 关注循环经济最佳实践。
3. 探索创新管理模式。

第三部分
职业健康与安全前沿研究

随着制药行业的快速发展和创新药物的不断涌现，职业健康与安全（OHS）管理的复杂性日益增加。本部分聚焦新兴职业健康风险，涵盖纳米药物、生物制药等领域的职业暴露评估方法，以及心理健康管理等前沿研究。通过系统学习本部分内容，读者将具备识别、评估并管理制药行业职业健康风险的能力，为企业和从业者提供更加安全的工作环境。

第8章

制药行业新兴职业健康风险评估与管理

随着制药技术的不断创新和产业升级，新兴职业健康风险的识别、评估与管理已成为行业安全发展的重要课题。本章将系统探讨纳米药物暴露、生物安全风险、化学品暴露评估以及心理健康风险等新型职业健康议题。

在追求技术创新的同时，如何保障员工职业健康安全，如何应对新兴风险挑战，已成为制药企业可持续发展的关键问题。本章将从多个维度深入分析职业健康风险管理的进展。

本章将引导读者：

1. 认识纳米药物的职业暴露风险。
2. 掌握生物制药的安全风险评估。
3. 了解化学品暴露评估新方法。
4. 把握心理健康风险管理策略。

通过本章学习，读者将建立对制药行业新兴职业健康风险的系统认知，为企业安全管理提供专业指导。

8.1 纳米药物的职业暴露风险研究

随着纳米技术的飞速发展，纳米药物作为一种创新的药物递送系统，正在不断改进和扩展其在治疗中的应用。纳米药物的独特物理化学性质赋予了其更加高效的药物传递能力，同时也带来了潜在的职业暴露风险。由于其微小尺寸和独特的生物学效应，纳米药物可能对工作人员健康产生不容忽视的影响，因此对其在研发、生产和使用过程中的职业暴露进行研究至关重要。本节将深入探讨纳米药物的职业暴露风险，包括其特性、潜在健康影响、暴露途径以及防护策略。

8.1.1 纳米药物的特性及潜在健康影响

8.1.1.1 纳米药物的定义和分类

纳米药物是指尺寸处于1～100nm之间的药物颗粒或药物递送系统。由于其微小尺寸，纳米药物展现出与传统药物截然不同的物理化学特性。根据组成和结构的不同，纳米药物可以分为多种类型。例如，聚合物纳米粒［如聚乳酸-羟基乙酸共聚物（PLGA）纳米粒］因其生物相容性和可控释放特性而受到广泛关注；脂质纳米粒（如脂质体和固体脂质纳米粒）在药物递送中具有广泛应用；无机纳米粒（如金纳米粒和氧化铁纳米粒）在诊断和治疗领域展现出独特优势；蛋白质纳米粒（如白蛋白纳米粒）则在靶向药物递送中具有显著表现。此外，碳纳米材料（如富勒烯和碳纳米管）也在药物开发中受到越来越多的关注。

8.1.1.2 纳米药物的独特物理化学特性

纳米药物的独特物理化学特性使其在药物治疗中具有极大的潜力，但这些特性同时也可能带来健康风险。例如，纳米药物的比表面积远大于传统药物，这增加了它们与生物分子的相互作用，从而可能增强其生物学效应。量子效应和纳米尺度下的特殊光学、电学和磁学特性，使得纳米药物在新型诊断和治疗中具有独特的优势，但也可能带来不为人知的健康风险。此外，纳米药物表面活性的增强使其能够穿透传统药物无法到达的生物屏障，尽管这一特性提高了药效，但也可能增加毒性风险。纳米颗粒的团聚倾向可能影响其在体内的分布和清除，从而影响药物的安全性和有效性。

8.1.1.3 纳米药物对人体健康的潜在影响

纳米药物可能对人体健康产生多方面的影响。由于其尺寸较小，纳米颗粒能够深入呼吸道，引起肺部炎症或长期暴露后的肺部纤维化。某些纳米颗粒还可能通过血液循环到达心脏和血管，潜在影响心脏功能和血管健康。纳米颗粒还可能穿过血脑屏障，为神经系统疾病的治疗提供新的机遇，但同时也带来了神经毒性的潜在风险。免疫系统的影响也是纳米药物潜在的健康问题，纳米颗粒可能引起免疫反应或抑制免疫功能，这既是药物开发中的挑战，也是其应用中的机遇。皮肤作为人体的最大器官，也可能成为纳米颗粒的暴露途径，某些纳米颗粒能够穿透皮肤屏障，引发局部或全身反应。因此，在纳米药物的研发和应用过程中，全面评估其安全性至关重要。

8.1.2 纳米药物的职业暴露途径和情景分析

8.1.2.1 主要暴露途径

在纳米药物的研发、生产和使用过程中，工作人员可能通过多种途径暴露于纳米药物。吸入是最常见和最重要的暴露途径，特别是在处理粉末状纳米材料时。由于纳米颗粒尺寸微小，能够长时间悬浮在空气中，从而增加吸入暴露的风险。皮肤接触是另一个重要的暴露途径，工作人员可能直接接触到纳米材料，或接触到沉积有纳米颗粒的表面。虽然健康皮肤通常具有一定的屏障作用，但某些纳米材料可能通过毛囊或受损的皮肤进入体内。尽管误服不是最常见的暴露途径，但在实验室或生产环境中，工作人员可能通过手到口转移或意外摄入纳米颗粒。此外，意外的针刺伤可能导致纳米材料直接进入体内，虽然这种情况相对少见，但潜在风险较大。

8.1.2.2 高风险职业暴露情景

在纳米药物的全生命周期中，研发、生产、质量控制以及医疗应用的各个阶段都存在高职业暴露风险。在研发阶段，尤其是纳米材料的合成和表征过程中，研究人员常常接触到高浓度的纳米颗粒，暴露风险较高。此外，在动物实验中，给药和处理过程也可能导致暴露。生产阶段，风险主要集中在原料称量、纳米药物的制备和配方过程中，这些操作通常涉及大量纳米材料的处理，在没有适当防护措施的情况下，可能会导致严重的职业暴露。设备清洗和维护过程中，沉积的纳米颗粒可能重新悬浮，增加了暴露的风险。在质量控制过程中，工作人员需要取样和分析纳米药物，增加了暴露的可能性。在包装和运输阶段，尤其是在分装和包装过程中，暴露风险同样不可忽视。最后，在医疗应用中，医护人员在处理需要特殊给药方式的纳米药物时，可能面临暴露的风险。

8.2　生物制药过程中的生物安全风险评估

在生物制药过程中，确保生物安全的风险评估显得尤为重要。生物制药不仅涉及多种生物因子，还包括了复杂的生产工艺和不断发展的技术。随着新技术的不断引入，如基因编辑和合成生物学，生物安全风险的评估也面临着前所未有的挑战。在这一背景下，生物安全风险评估不仅要应对传统的生物因子和潜在危害，还需关注新的、未知的风险因素。因此，构建一个全面、科学的生物安全风险评估框架，并通过细致的风险分析与管理策略来应对可能的安全隐患，已经成为生物制药行业不可或缺的一部分。

8.2.1　生物制药过程中的生物安全风险概述

生物制药过程涉及多种类型的生物因子，每种因子都可能带来独特的生物安全风险。病毒，作为生物制药中常用的载体或研究对象，可能具有感染性和致病性。即使是经过减毒处理的病毒，在特定条件下仍可能恢复毒力或与野生型病毒重组。细菌和真菌，无论是作为生产菌种还是潜在的污染物，都可能引起感染或产生毒素。重组 DNA 技术广泛应用于生物制药，但插入的基因可能改变微生物的致病性或抗药性，带来新的安全隐患。

此外，生物制药过程中使用的细胞培养物、血清和其他生物来源材料可能含有未知的病原体。蛋白质和多肽类生物药物可能引起过敏反应或自身免疫反应。在生产规模扩大时，这些风险可能被放大，影响范围也随之扩大。

生物安全风险不仅限于直接接触生物因子。生物气溶胶的产生和扩散、废弃物处理不当、设备和设施的污染等都是潜在的风险来源。此外，随着基因编辑技术如 CRISPR/Cas9 在生物制药中的应用，新的生物安全问题（如脱靶效应和生态系统影响等）也逐渐浮现。

8.2.2　生物安全风险评估框架

生物制药过程中的生物安全风险评估需要一个系统、全面的框架。这个框架通常包括危害识别、暴露评估、后果分析和风险表征四个主要步骤。

危害识别是风险评估的起点，涉及确定生物制药过程中存在的所有潜在生物危害。这需要对整个生产过程进行详细分析，包括使用的生物因子、生产工艺、设备设施等。在这一阶段，不仅要考虑已知的危害，还要预见可能的未知风险。例如，在使用新型基因工程技术时，可能产生具有新特性的生物体，其潜在危害可能尚未被充分认识。

暴露评估旨在确定工作人员或环境可能接触生物危害的方式、程度和频率。这涉及对工作流程、操作规程、防护措施等的详细审查。在生物制药环境中，暴露途径可能包括直接接触、气溶胶吸入、意外注射或摄入等。暴露评估还需要考虑正常操作条件下的暴露风险，以及可能的事故或紧急情况下的暴露风险。

后果分析是评估一旦暴露发生，可能导致的健康、环境或经济影响。这需要综合考虑生物因子的致病性、传播能力、环境持久性等特征，以及可能受影响的人群或生态系统的脆弱性。在生物制药领域，后果可能涉及工作人员的职业病、环境污染、产品质量问题，甚至可能引发公共卫生事件。

风险表征是整合前三个步骤的信息，对风险进行定性或定量描述的过程。这一步骤需要考虑风险的可能性和严重性，以及现有控制措施的有效性。在生物制药领域，由于涉及的生物系统复杂性，完全定量的风险表征往往具有挑战性。因此，通常采用半定量或定性的方法，结合专家判断来评估风险水平。

8.2.3 关键风险因素分析

在生物制药过程中，有几个关键因素需要特别关注。首先是生物因子的特性，包括其致病性、传播能力、环境稳定性、宿主范围等。例如，高致病性病毒如人体免疫缺陷病毒（HIV）或某些流感病毒株在研究和生产中需要特别谨慎处理。其次是工艺特点，某些操作如离心、均质化等可能产生生物气溶胶，增加暴露风险。再次是设施和设备的设计，不当的设计可能增加污染或交叉感染的风险。

人为因素也是不可忽视的风险来源。操作人员的培训水平、安全意识、操作规范性等直接影响生物安全。此外，组织文化和管理体系对于维持长期的生物安全至关重要。

环境因素同样需要考虑，如实验室或生产设施的位置、周边人口密度、生态敏感性等。这些因素影响潜在生物安全事故的影响范围和严重程度。

最后，随着生物技术的快速发展，新技术的应用可能带来新的风险。例如，基因编辑技术可能产生具有新特性的生物体，其潜在风险可能难以预测。因此，风险评估需要具有前瞻性，及时关注和评估新兴技术可能带来的生物安全挑战。

8.2.4 风险评估方法和工具

生物制药过程中的生物安全风险评估可以采用多种方法和工具。定性风险评估方法，如风险矩阵法，通过评估风险发生的可能性和后果的严重性来确定风险等级。这种方法简单直观，适用于初步风险筛查。半定量方法，如改进的风险矩阵法或风险指数法，引入更多的量化指标，提高了评估的精确度。

定量风险评估方法，如概率风险评估（PRA），通过数学模型来计算风险概率和后果。虽然这种方法在某些情况下可以提供更精确的风险估计，但在生物系统的复杂性和不确定性面前，其应用往往受到限制。

情景分析是另一种有效的风险评估工具，通过构建可能的事故情景，评估其发生的可能性和潜在后果。这种方法特别适用于评估低概率但高影响的事件，如生物安全柜失效或生物因子意外释放等情况。

故障模式与影响分析（FMEA）可用于系统地识别生物制药过程中可能的失效模式及其影响。这种方法有助于发现潜在的薄弱环节，为风险控制措施的制定提供依据。

此外，计算机模拟和建模技术在生物安全风险评估中的应用日益广泛。例如，计算流体动力学（CFD）模型可用于模拟生物气溶胶在实验室或生产车间内的扩散行为，帮助优化通风系统设计和个人防护策略。

8.2.5　风险管理策略

基于风险评估的结果，需要制定相应的风险管理策略。风险管理的核心是风险控制层级，包括消除、替代、工程控制、管理控制和个人防护设备。在生物制药领域，完全消除生物因子通常是不可能的，因此更多地依赖于其他控制措施。

工程控制是最重要的风险管理手段之一，包括生物安全柜、密闭系统、负压室、高效空气过滤系统等。这些措施旨在从源头上控制生物因子的扩散。管理控制包括标准操作规程（SOPs）的制定和执行、人员培训、访问控制、健康监测等。个人防护设备如防护服、呼吸器、手套等是最后一道防线，但在某些高风险操作中可能是必要的。

应急预案的制定和演练是风险管理的重要组成部分。这包括针对可能的生物安全事故制定详细的响应程序，如生物因子泄漏、人员感染、设备故障等情况的处理方案。

持续的风险监测和评估也是必不可少的。这包括定期的安全审核、近似事故报告系统、环境监测等。通过这些措施，可以及时发现新的风险或现有控制措施的不足，从而不断完善风险管理策略。

8.2.6　风险控制措施与管理

生物制药行业的生物安全风险评估和管理受到严格的法规监管，并且与国际及国内的法律法规紧密相关。世界卫生组织（WHO）发布的《实验室生物安全手册》提供了国际公认的指导原则，为各国生物安全法规的制定提供了框架。不同国家根据自身的法规要求实施相应的管理措施。例如，美国通过《联邦法规》第 42 篇第 73 部分对选择性病原体和毒素进行规定，确保生物安全操作符合标准；欧盟也通过《生物制剂指令》（2000/54/EC）对相关操作和管理提出明确要求。

在中国，《病原微生物实验室生物安全管理条例》和《中华人民共和国生物安全法》为生物安全的法律框架提供了保障。此外，国家药品监督管理局（NMPA）发布了相关的指导原则，例如《生物安全柜注册审查指导原则》，指导生物制药企业进行严格的生物安全管理。

除了遵循法规要求外，采用行业最佳实践是确保生物安全的另一重要途径。国际制药工程协会（ISPE）和美国生物安全协会（ABSA）等组织定期发布生物安全指南和最佳实践，推动全球生物制药企业提高生物安全管理水平。生物制药企业应积极借鉴这些资源，以促进其生物安全管理体系的持续改进和创新。

8.2.7 案例研究与经验教训

通过分析历史上的生物安全事故和近似事故，可以获取关键的经验教训，为今后的管理措施提供参考。比如，2014 年美国疾病控制和预防中心（CDC）发生的炭疽芽孢意外暴露事件，凸显了标准操作程序执行不严和监督管理缺失的问题。这一事件表明，在生物制药操作中，即使是在高度规范的环境下，也需要严格遵守操作规程，并对安全操作进行持续的监督和审查。类似地，2007 年英国口蹄疫病毒泄漏事件则暴露了生物安全设施维护和管理方面的漏洞，尤其是设备的定期检查和维护不到位的情况。

通过深入剖析这些事故的根本原因，可以发现一些系统性问题，如缺乏有效的安全文化、管理体系存在缺陷、技术措施执行不到位等。这些问题的暴露为生物制药行业提供了宝贵的反思机会，有助于改进生物安全风险评估和管理策略。只有从根本上解决这些薄弱环节，才能有效防止类似事件的再次发生，进一步提升生物安全管理的整体水平。

8.2.8 未来趋势和挑战

随着生物技术的不断进步，生物制药领域的生物安全风险评估也面临着新的机遇与挑战。基因编辑、合成生物学等前沿技术的应用，可能导致产生具有新特性的生物体，这些生物体的潜在风险难以用传统的生物安全评估方法准确评估。例如，CRISPR 技术的普及带来了新的遗传改造生物体，其风险评估体系还未完全建立，需要通过新的科学方法和工具对其进行分析。

与此同时，人工智能和大数据技术的引入，将为生物安全风险评估提供全新的思路和方法。这些技术能够从海量数据中提取有价值的信息，提高对潜在风险的预测精度和时效性。然而，如何有效整合这些新兴技术并确保其在实际应用中的可行性，仍然是未来的一个重大挑战。

全球化趋势下，跨国生物制药企业在面临不同国家和地区的法规要求时，如何确保全球生物安全标准的一致性，也是一项复杂的挑战。随着全球市场的不断扩展，如何平衡各地区的法律要求和行业标准，以确保国际生物安全管理的统一性和有效性，已成为一个亟待解决的问题。

此外，气候变化也为生物安全评估带来了新的变量。气候变化可能影响某些病原体的地理分布和传播模式，这意味着生物安全风险评估需要融入气候变化因素，以更好地应对未来潜在的生物安全威胁。因此，未来的生物安全管理需要具备更强的前瞻性和灵活性，以应对不断变化的环境和技术挑战。

8.3 药物研发实验室的化学品暴露评估新方法

药物研发实验室中的化学品暴露评估具有高度的复杂性和挑战性。随着新型药物分子和化学反应的不断创新，传统的暴露评估方法已难以应对复杂多变的实验环境。为了更加准确和高效地评估化学品暴露的风险，新的评估方法和技术应运而生。本节将介绍药物研发实验室化学品暴露评估的新方法，并探讨其在实践中的应用和未来的发展方向。

8.3.1 药物研发实验室化学品暴露的特点

药物研发实验室中的化学品暴露具有鲜明的特点，这使得暴露评估过程尤为复杂。首先，研发实验室常使用多种化学品，这些化学品包括常规溶剂、酸碱试剂、高活性药物中间体、新型纳米材料等。每种物质的毒理特性和暴露途径均不同，增加了暴露评估的难度。其次，药物研发过程中的实验操作种类繁多且复杂，如有机合成反应可能涉及多个步骤，而每个步骤都可能带来不同的暴露风险。

此外，药物研发过程中的化学品往往具有较新的性质，导致其毒理学数据有限，这对风险评估提出了额外挑战。同时，实验室高强度、不规律的工作节奏可能导致长时间或反复暴露。实验室的通风系统、个人防护设备的使用以及操作人员的行为习惯等因素，也会对暴露水平产生影响。因此，针对药物研发实验室的特殊需求，开发新的评估方法显得尤为重要。

8.3.2 传统暴露评估方法的局限性

传统的化学品暴露评估方法主要包括环境监测和生物监测。环境监测通过采集工作场所空气样本，测定特定化学物质的浓度，评估潜在的吸入暴露风险。生物监测则通过分析工作人员血液、尿液等生物样本中化学物质或其代谢物的含量，来评估实际暴露水平。这些方法在工业环境中应用广泛，但在药物研发实验室中存在诸多局限性。

例如，环境监测只能反映特定时间点的暴露情况，无法捕捉到瞬时高浓度暴露事件。此外，某些新型化学品缺乏标准的采样和分析方法，而生物监测虽然能反映实际的吸收剂量，但对于新型化合物，可能缺乏明确的生物标志物或参考值。这些传统方法通常成本较高、耗时较长，且难以进行高频次、大规模的监测，而药物研发实验室的工作环境通常是快速变化的。最重要的是，传统方法往往只能评估单一化学品的暴露，难以处理复合化学品暴露的情况，这在药物研发实验室中十分常见。

8.3.3 新型暴露评估方法

8.3.3.1 控制带法

控制带法是一种半定量的风险评估方法，通过将化学品的危害性和暴露潜力分别划分为多个等级或“带”，并通过组合这些等级来确定整体风险水平及所需控制措施。这种方法适用于缺乏详细毒理数据的新型化合物。在药物研发实验室中，控制带法能为各种化学操作提供初步的风险评估和控制建议，尤其适用于早期筛选阶段。

然而，控制带法的准确性受限于其简化的分类系统。为了提高其在药物研发中的适用性，研究者开发了针对特定化合物（如高活性药物中间体）的专门控制带模型，这些模型考虑了更多参数，如化合物的药理活性、物理化学性质等，从而提供更精确的风险评估。

8.3.3.2 暴露预测模型

计算机模拟和数学模型在化学品暴露评估中的应用日益增多。通过整合化学品的物理化学性质、操作条件、环境参数等信息，这些模型能够预测可能的暴露水平。例如，高级的暴露预测模型如IH MOD（Industrial Hygiene Modeling）和ART（Advanced REACH Tool）能够模拟复杂的实验室操作，并预测不同情景下的暴露浓度。

这些模型的优势在于能够快速评估多种情景，为风险管理决策提供支持。然而，模型的准确性依赖于输入数据的质量以及模型假设的合理性。因此，在药物研发实验室应用这些模型时，需要结合实际测量数据进行验证和校准。

8.3.3.3 实时监测技术

随着传感器技术的进步，实时监测化学品暴露水平成为可能。便携式气体检测器、颗粒物监测仪等设备可以实时监控工作环境中的化学品浓度。实时监测能够及时发现瞬时高浓度暴露，并提供长期暴露趋势数据。

在药物研发实验室中，实时监测技术对于急性毒性或易挥发的化学品尤其重要。例如，光离子化检测器（PID）能够实时监测有机溶剂的浓度。然而，现有技术仍未能普及所有化学品，特别是新型化合物或高活性物质，这些物质可能缺乏专门的检测设备。

8.3.3.4 生物标志物分析

生物标志物分析是传统生物监测的延伸，它不仅关注化学品或其代谢物的浓度，还包括暴露引起的生物学效应标志物，如氧化应激标志物、DNA加合物、特定蛋白质等。

这种方法的优势在于可以反映个体的生物学响应，考虑到个体差异和累积效应。然而，生物标志物分析通常需要采集生物样本，可能面临伦理问题，且分析过程复杂、成本较高。在药物研发实验室中，这种方法可能更适用于长期暴露风险的评估，或者作为其他评估方法的补充。

8.3.3.5 整合评估方法

考虑到单一评估方法的局限性，研究者提出了整合多种方法的综合评估策略。这种策略通常包括以下步骤：首先使用控制带法进行初步风险筛查，然后根据需要应用暴露预测模型进行更详细的评估；对于高风险操作，可以采用实时监测技术进行现场验证，最后，对于长期暴露风险，可以考虑使用生物标志物分析进行深入评估。

这种整合方法能够充分利用各种评估技术的优势，提供更全面、更可靠的暴露风险评估结果。然而，实施综合策略需要多学科的知识与技能，对评估人员的要求较高。

8.3.4 挑战与未来发展方向

尽管这些新方法为药物研发实验室的化学品暴露评估带来了创新的可能性，但在实际应用中仍面临不少挑战。首先，数据质量和可用性问题尤为突出。许多新型化合物的毒理学数据仍不完备，限制了评估模型的准确性和可靠性。其次，药物研发实验室中常见的多种化学品复合暴露效应依然是评估中的难点。现有的评估方法往往侧重于单一物质的暴露，但对多种化学品交叉暴露的复杂情况缺乏足够的覆盖。

此外，研发环境的快速变化也是一大挑战。实验室操作的高度不确定性和不同实验条件的多样性要求评估方法具有更高的灵活性和适应性，能够实时响应新的实验场景和变化。如何在保证评估质量的同时，提高工作效率并降低成本，仍是未来发展需要着力解决的问题。

未来，药物研发实验室的化学品暴露评估方法有望向以下几个方向发展。

8.3.4.1　人工智能和机器学习的应用

利用人工智能（AI）和机器学习技术，结合大数据分析，能够显著提升暴露预测模型的准确性与适用性。AI 可以通过智能化的数据处理和模式识别，为药物研发提供更为精准的暴露风险评估，特别是在面对复杂的实验环境和多变的操作流程时。

8.3.4.2　灵敏且选择性强的实时监测设备

随着传感器技术的不断进步，开发更灵敏且具选择性的实时监测设备，特别是针对高活性化合物的监测技术，成为未来发展的关键。例如，能够监测极低浓度化学品的传感器将极大提升即时暴露预警能力，为实验室安全管理提供更强有力的支持。

8.3.4.3　新型生物标志物的探索

随着暴露生物学研究的深入，探索新的生物标志物，尤其是能够反映低剂量长期暴露效应的标志物，成为未来暴露评估中的重要方向。通过识别早期生物学效应，能够为长期暴露的健康风险评估提供更全面的数据支持。

8.3.4.4　化学品暴露数据库的建设

完善的化学品暴露数据库对于准确评估化学品暴露风险至关重要。通过建立全面、系统的数据库，可以为不同实验环境下的暴露风险评估提供数据支持，并促进不同实验室之间的经验共享，提升整体评估能力。

这些未来的发展方向将使药物研发实验室的化学品暴露评估更加高效、精准，并为研发人员的健康安全保驾护航。

8.4　制药行业心理健康风险因素分析与干预策略

制药行业作为一个高度专业化、高压力、高风险的领域，其从业人员面临着独特的心理健康挑战。从研发科学家到生产线工人，从临床试验协调员到市场营销人员，每个岗位都有其特定的压力源和心理负担。本节将深入探讨制药行业的心理健康风险因素，分析这些因素对员工心理健康的影响，并提出相应的干预策略。通过系统的分析和有效的干预，旨在为制药行业创造一个更健康、更有韧性的工作环境，从而提高员工的幸福感和工作效率。

8.4.1 制药行业的特殊性与心理健康风险

制药行业具有一些独特的特征，这些特征直接或间接地影响着从业人员的心理健康状况。首先，该行业的核心使命是开发和生产挽救生命的药物，这赋予了工作极高的社会责任感。药物研发过程往往漫长且充满挑战，且伴随着较高的失败风险，这意味着从业人员常常面临巨大的不确定性，带来较大的心理负担。其次，制药行业严格的监管环境要求高度的精确性和合规性，这可能导致工作中的紧张情绪和持续的焦虑感。

此外，制药行业的全球化特征，意味着跨文化沟通和时区差异带来了额外的压力。快速变化的市场环境和技术进步也要求员工不断学习和适应。这些因素共同构成了制药行业特有的心理健康风险环境，进一步加剧了从业人员的心理负担。

8.4.2 主要心理健康风险因素分析

制药行业的心理健康风险因素多种多样，其中最为突出的因素包括高压力和长时间工作。许多岗位，特别是研发和临床试验等相关岗位，往往需要长时间的工作和不规律的工作安排。紧迫的项目截止日期、复杂的实验设计和烦琐的数据分析常常导致员工长期处于高压力状态。这种持续的压力不仅影响工作效率，还可能导致职业倦怠、焦虑和抑郁等心理健康问题。

职业不确定性是另一个重要的风险因素。药物研发的高失败率意味着项目随时可能被终止，这给研发人员带来了巨大的职业不确定性。即使是成功的项目，也可能因为公司战略调整或市场变化而被搁置。项目的不断变化可能导致员工产生焦虑、失落感，甚至影响自我价值认同。

道德压力和决策困境也是制药行业特有的心理健康风险因素。制药行业的决策常常涉及复杂的伦理考量，例如如何在临床试验中平衡研究需求与受试者福祉，或如何在药品定价中权衡公司利益与药品可及性。这些决策可能给相关人员带来巨大的道德压力，进而增加心理负担。

高度监管环境的压力同样不容忽视。制药行业受到严格监管，从研发到生产、销售的每个环节都需要严格遵守各种法规和标准。这种高度监管的环境可能导致员工过度谨慎、焦虑，以及害怕犯错所带来的严重后果。

工作与生活平衡的挑战是制药行业从业人员面临的另一个普遍问题。制药行业的全球化运营和项目紧迫性常常要求员工在非常规时间工作，参与跨时区会议，或频繁出差。这些因素可能导致家庭关系紧张、社交孤立，进一步影响心理健康。

最后，技术变革和持续学习压力也是不可忽视的风险因素。制药行业技术进步迅速，从基因编辑技术到人工智能在药物发现中的应用，员工需要不断学习新知识和技能。这种持续学习的压力可能导致一些员工感到力不从心，产生自我怀疑和焦虑情绪。

8.4.3 心理健康风险的影响

这些心理健康风险因素的影响包括多方面，涉及个人、组织、行业和社会层面。在个人层面，员工可能出现焦虑、抑郁、失眠等心理健康问题，严重时可能导致职业倦怠、精神健康问题。这不仅影响个人的工作表现，还可能严重损害生活质量和人际关系。

在组织层面，员工的心理健康问题可能导致生产力下降、创新能力减弱、团队协作受阻等。高流失率和频繁的病假也会增加公司的运营成本。长期来看，这可能削弱公司的竞争力和可持续发展能力。

从行业层面来看，普遍的心理健康问题可能影响整个行业的吸引力，导致人才流失，长远来看会影响行业的创新能力与竞争力。这对于高度依赖高素质人才的制药行业尤为严峻。

在社会层面，考虑到制药行业的特殊性，员工的心理健康问题可能间接影响药物研发和生产的质量与效率，进而影响公众健康。如果制药行业的心理健康问题得不到有效解决，还可能加剧社会对这一行业的负面看法，影响行业的社会形象与公众信任。

8.4.4　干预策略

针对制药行业的特殊心理健康风险，我们可以从个人、组织和行业三个层面制定干预策略。在个人层面，首要任务是提升员工的心理韧性。通过专门的培训项目，如正念冥想和认知行为疗法，员工可以学习如何更好地应对压力和不确定性。此外，提高时间管理和工作效率也是减轻压力的有效方法，通过相关培训和工具帮助员工更有效地管理时间和工作任务，从而减少不必要的加班和压力。

职业发展规划同样是个人干预的重要组成部分。帮助员工制定清晰的职业发展路径，不仅可以增强他们的职业安全感，还能给予他们明确的目标和方向。此外，鼓励健康的生活方式，如推广健康饮食、规律运动等，能够从整体上提高员工的身心健康水平。

在组织层面，建立支持性的企业文化至关重要。这种文化应当鼓励员工公开讨论心理健康问题，消除污名化。实施灵活的工作安排，如弹性工作时间和远程工作政策，可以帮助员工更好地平衡工作和生活。提供心理健康支持服务，如员工援助计划（EAP）和心理咨询服务，为员工提供专业的心理健康支持，也是组织层面干预的重要内容。

管理者在心理健康管理中扮演着关键角色。对管理者进行专门培训，使其能够识别团队成员的心理健康问题，并提供适当的支持，是非常必要的。同时，优化工作设计，通过重新设计工作流程和任务分配，减少不必要的压力源，如减少冗余的会议和报告。在工作场所创建专门的休息区域或冥想室，让员工有机会在工作中短暂放松，也是有效的组织层面干预。

在行业层面，制定心理健康最佳实践标准是一个重要的起点。行业协会可以牵头制定这些标准，并鼓励所有公司采纳。建立行业内的心理健康联盟，分享资源和最佳实践，能推动整个行业的心理健康管理水平提升。与政府和监管机构合作，制定有利于员工心理健康的政策和法规，也是行业层面可以采取的重要行动。

最后，提高公众对制药行业压力和挑战的认识也不容忽视。通过公众教育，可以减少社会对行业从业者的不合理期望，创造一个更加理解和支持的社会环境。这些多层次、多角度的干预策略，如果能够有效实施，将极大地改善制药行业的心理健康状况，为创造一个更健康、更有韧性的工作环境奠定基础。

8.5 总结

本章系统阐述了制药行业新兴职业健康风险的评估与管理策略，深入探讨了纳米药物暴露、生物安全风险、化学品暴露评估和心理健康风险等重要议题，为读者提供了全面的职业健康管理解决方案。

本章的框架如图 8-1 所示。

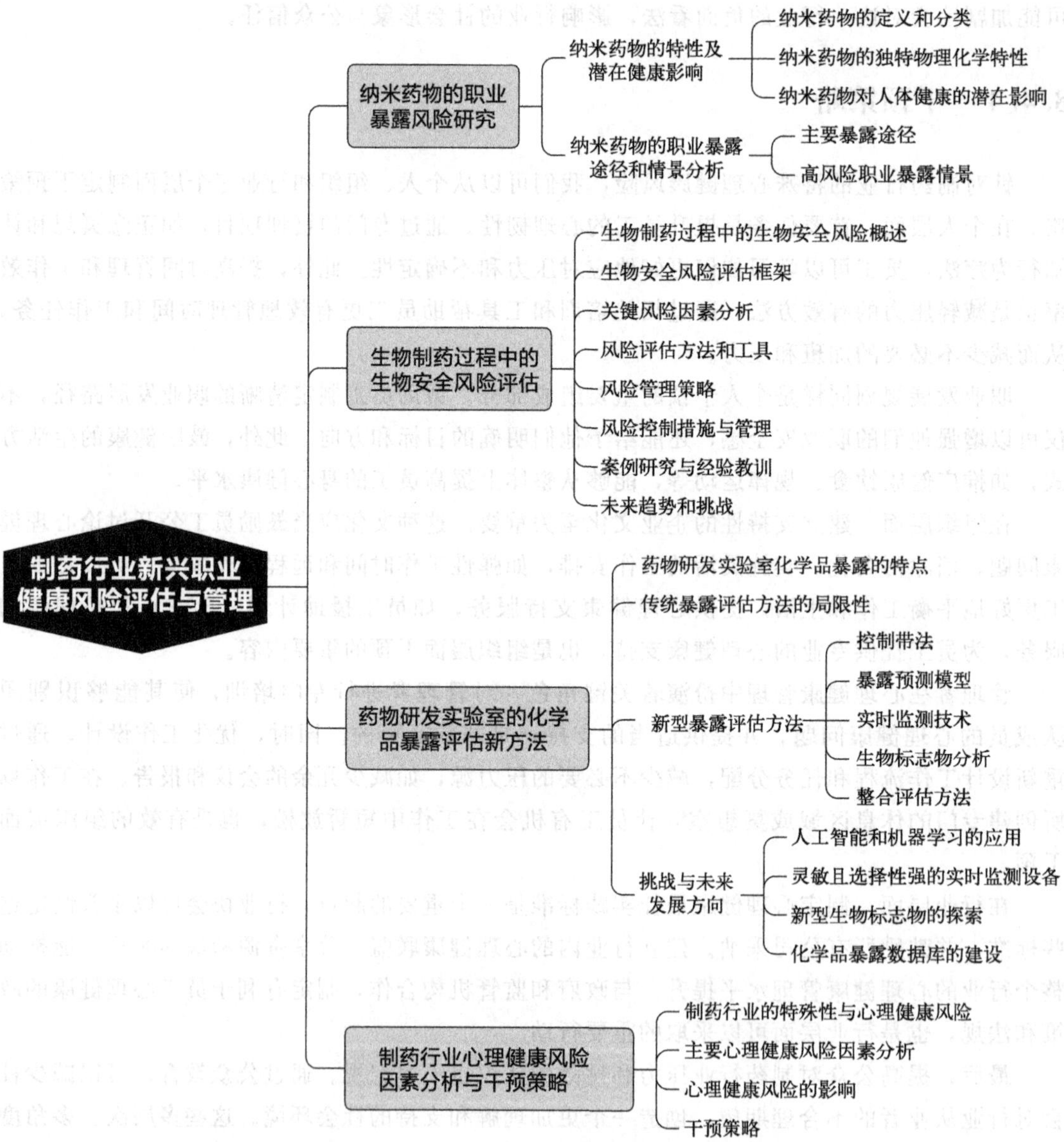

图 8-1 第 8 章内容框架

关键词

职业健康、纳米药物、生物安全、化学品暴露、心理健康、风险评估、安全管理、防护措施、健康保护、风险控制。

关键启示

1. 新兴风险管理需要创新思维。
2. 系统评估是风险防控的基础。
3. 多维度防护是安全管理的核心。

思考与展望

1. 如何应对快速发展带来的新型风险?
2. 职业健康管理体系如何持续优化?
3. 心理健康保护的创新方向在哪里?

建议深入学习

1. 研究国际先进评估方法。
2. 关注行业最佳实践案例。
3. 探索创新管理模式。

第9章

制药工艺安全的系统性风险管理

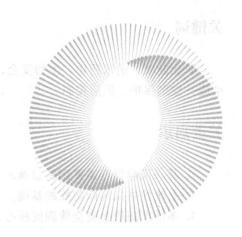

制药工艺安全的系统性风险管理是保障生产安全的关键环节。本章将深入探讨过程安全信息管理系统、基于大数据的风险预测、人因工程学应用以及安全文化建设等重要议题，为制药企业构建全方位的安全管理体系提供指导。

在智能制造和数字化转型的背景下，传统的安全管理方式已难以满足现代制药工业的需求。如何构建智能化安全管理系统，如何实现风险精准预测，如何优化人机交互设计，如何培育先进安全文化，已成为行业关注的焦点问题。

本章将引导读者：

√ 掌握 PSIMS 的设计与应用。

√ 了解大数据风险预测方法。

√ 把握人因工程学设计原则。

√ 探索安全文化建设策略。

通过本章学习，读者将建立制药工艺安全管理的系统思维，为企业安全生产提供专业指导。

9.1 过程安全信息管理系统的设计与应用

在现代制药工业中，过程安全信息管理系统（process safety information management system，PSIMS）已成为确保工艺安全、提高生产效率和保证产品质量的关键工具。一个设计良好的 PSIMS 不仅能够有效管理复杂的安全信息，还能为决策提供及时、准确的数据支持。本节将深入探讨 PSIMS 的设计原则与核心功能、应用策略，以及实施过程中可能遇到的挑战和对策及未来发展趋势。

9.1.1 PSIMS 的设计原则与核心功能

PSIMS 的设计应遵循全面性、准确性、可访问性、可扩展性和安全性等核心原则。全面性要求系统涵盖从原料特性到设备规格，从操作程序到应急预案的所有相关信息。准确性强调所有存储的信息都必须是最新且经过验证的。可访问性确保不同角色的用户能够方便地获取其所需的信息。可扩展性使系统能够适应未来的需求变化和技术发展。安全性则要求系统能够保护敏感信息，防止未经授权的访问。

一个完整的 PSIMS 通常包括以下几个主要模块，构成其核心功能。化学品信息管理模块负责存储和管理原料、中间体、产品的物理化学性质，危险性分类和标识，以及安全数据表（SDS）。工艺信息管理模块包含工艺流程图和管道仪表图（P&ID）、工艺参数和操作窗口，以及关键工艺控制点。设备信息管理模块涵盖设备规格和技术参数、维护记录和检查计划，以及设备安全系统信息。操作程序管理模块包括标准操作规程（SOPs）、安全操作指南，以及应急响应程序。风险评估信息模块存储危险与可操作性分析（HAZOP）研究结果，定量风险评估（QRA）报告，以及保护层分析（LOPA）结果。变更管理模块处理变更请求和审批流程、变更实施记录，以及变更后评估结果。事故和近失事件管理模块包含事故调查报告、根本原因分析结果，以及纠正和预防措施跟踪。

9.1.2 PSIMS 的应用策略

为了充分发挥 PSIMS 的作用，可以采取多种应用策略。集成化应用是一种重要策略，它将 PSIMS 与其他企业系统［如企业资源计划系统（ERP）、制造执行系统（MES）、实验室信息管理系统（LIMS）等］集成，实现数据的自动同步和更新。这不仅可以提高数据的准确性，还能减少重复工作，提高整体效率。基于角色的访问控制是另一个关键策略，它根据用户的职责和权限，定制不同的信息访问级别。例如，操作员可能只需要查看与其直接相关的操作程序和安全注意事项，工程师则可能需要访问更详细的技术参数。

移动化应用是提高 PSIMS 实用性的重要手段。通过开发移动端应用，员工能够在现场快速访问所需信息，特别是在进行设备检查、维护或应急响应时。此外，PSIMS 还可以作为知识管理与经验传承的平台，收集和整理员工的经验和最佳实践，促进组织学习和经验传承。结合大数据分析技术，PSIMS 中的历史数据还可以用于趋势分析和风险预测，支持主动式安全管理。

9.1.3 PSIMS 实施中的挑战与对策

在实施 PSIMS 过程中，企业可能面临多种挑战。数据质量管理是一个普遍的挑战，确保输入 PSIMS 的数据准确、完整、及时需要建立严格的数据管理流程，明确数据更新的责任人和频率，并利用自动化技术实现部分数据的自动采集和更新。用户接受度也是一个常见问题，员工可能不愿意改变原有的工作方式。为此，企业需要加强培训和宣传，突出 PSIMS 带来的便利，设计直观、易用的用户界面，并收集用户反馈持续优化系统。

系统安全性是另一个重要挑战，PSIMS 包含大量敏感信息，面临数据泄露的风险。应对这一挑战需要实施多层次的安全防护措施，包括访问控制、数据加密、审计跟踪等，并定期进行安全评估和渗透测试。此外，系统维护和更新也是长期挑战，随着时间推移，PSIMS 可能变得过时或不适用。为此，企业需要制定长期的系统维护和更新计划，采用模块化设计，便于未来的升级和扩展。

9.1.4 PSIMS的未来发展趋势

随着技术的不断进步，PSIMS 的发展呈现出一些新的趋势。人工智能和机器学习技术的应用将使 PSIMS 具备更强的预测和分析能力，能够主动识别潜在的安全风险。物联网技术的发展将使 PSIMS 能够实时收集和处理更多的设备和环境数据，提高系统的实时性和准确性。云计算和边缘计算的应用将提升 PSIMS 的数据处理能力和系统可扩展性。此外，增强现实和虚拟现实技术的引入可能会改变 PSIMS 的用户交互方式，为操作人员提供更直观、更沉浸式的信息展示方式。

总的来说，过程安全信息管理系统是现代制药企业不可或缺的工具。通过合理的设计和有效的应用，PSIMS 可以显著提高工艺安全管理的效率和效果。然而，PSIMS 的成功实施需要企业的长期投入和持续改进。随着技术的不断进步，可以看到更智能、更集成的 PSIMS 系统，为制药行业的安全生产提供更强有力的支持。企业应当认识到 PSIMS 的重要性，积极投入资源进行系统的开发、实施和优化，以此作为提升整体安全管理水平的重要手段。

9.2 基于大数据的工艺安全风险预测模型

在现代制药工业中，大数据技术的应用为工艺安全风险管理带来了革命性的变革。通过收集、分析和利用海量的工艺数据，制药企业能够更准确地预测潜在的安全风险，从而采取更有效的预防措施。本节将深入探讨如何构建和应用基于大数据的工艺安全风险预测模型。

9.2.1 大数据在制药工艺安全中的应用价值

大数据技术在制药工艺安全管理中具有多方面的应用价值。首先，它能够整合来自不同来源的海量数据，包括工艺参数、设备状态、环境监测数据、历史事故记录等，为全面的风险评估提供基础。其次，通过高级分析技术，可以从这些数据中发现潜在的风险模式和趋势，这些模式可能难以通过传统方法识别。再者，大数据分析可以实现实时监控和预警，使得企业能够及时响应潜在的安全威胁。最后，基于大数据的预测模型可以模拟不同情景下的风险状况，为决策提供科学依据。

在制药行业，大数据的应用尤其重要。药品生产涉及复杂的化学反应和精密的工艺控制，即使微小的参数变化都可能导致严重的安全问题。大数据分析可以捕捉到这些细微的变化，并预测其可能导致的后果。此外，制药工艺的安全风险不仅关系到生产安全，还直接影响到药品质量和患者安全，因此对风险的精确预测和管理尤为重要。

9.2.2 数据收集与预处理

构建有效的风险预测模型的第一步是全面而系统的数据收集。在制药工艺中，需要收集的数据类型包括但不限于：工艺参数（如温度、压力、pH 值等）、设备运行状态、原材料质量数据、环境监测数据（如空气质量、湿度等）、操作日志、维护记录、历史事故和近失事件数据等。这些数据可能来自多个来源，如过程控制系统（PCS）、制造执行系统（MES）、实验室信息管理系统（LIMS）、环境监测系统等。

数据收集后，下一步是数据预处理。这个阶段包括数据清洗、标准化和集成。数据清洗旨在处理缺失值、异常值和重复数据。在制药工艺中，由于涉及大量精密仪器和传感器，数据质量问题尤为常见。例如，传感器故障可能导致异常读数，需要通过统计方法或专家判断来处理。数据标准化是确保来自不同来源的数据可以进行有效比较和分析。例如，不同批次或不同生产线的温度数据可能使用不同的单位或量程，需要统一转换。数据集成则是将清洗和标准化后的数据整合到一个统一的数据平台中，为后续分析做准备。

9.2.3　特征工程与模型选择

特征工程是构建有效预测模型的关键步骤。在制药工艺安全风险预测中，需要从原始数据中提取能够反映潜在风险的特征。这可能包括统计特征（如各参数的均值、方差、趋势等）、工艺特定特征（如反应动力学参数、批次一致性指标等）、时序特征（如参数波动频率、异常持续时间等）等。特征选择也很重要，需要识别出最能反映安全风险的关键特征，以提高模型的效率和解释性。

模型选择需要根据具体的预测任务和数据特性来决定。常用的模型包括：

统计模型：如多元回归分析、时间序列分析等，适用于线性关系明显的情况。

机器学习模型：如随机森林、支持向量机、梯度提升树等，能够捕捉复杂的非线性关系。

深度学习模型：如循环神经网络（RNN）、长短期记忆网络（LSTM）等，特别适合处理时序数据，能够捕捉长期依赖关系。

集成模型：结合多个基础模型的优势，通常能够获得更稳定和准确的预测结果。

在制药工艺安全风险预测中，由于涉及的参数众多且关系复杂，通常需要采用高级的机器学习或深度学习模型。例如，可以使用 LSTM 模型来预测连续生产过程中的异常，或使用随机森林模型来评估批次生产的风险等级。

9.2.4　模型训练与验证

模型训练是一个迭代优化的过程。在制药工艺安全风险预测中，通常采用历史数据进行训练，包括正常运行数据和已知风险事件的数据。训练过程中需要注意以下几点：

数据划分：将数据集合理划分为训练集、验证集和测试集。在制药行业，可能还需要考虑不同产品、不同生产线或不同时期的数据分布。

类别不平衡：安全事故通常是低频事件，可能导致类别严重不平衡。可以采用过采样、欠采样或生成合成样本等技术来解决这个问题。

参数调优：使用交叉验证等技术来优化模型参数，提高模型的泛化能力。

模型解释性：在制药工艺中，模型的可解释性非常重要。可以使用 SHAP（SHapley Additive exPlanations）等技术来解释模型预测结果。

模型验证是确保模型可靠性的关键步骤。除了使用常规的性能指标（如准确率、精确率、召回率等）外，还需要考虑模型在实际生产环境中的表现。可以采用滚动预测、在线测试等方法来评估模型的实际预测能力。此外，还应该进行敏感性分析，评估模型对不同输入参数变化的响应。

9.2.5 模型部署与持续优化

模型部署是将训练好的模型集成到实际生产系统中的过程。在制药工艺中，这通常涉及与现有的过程控制系统和安全管理系统的集成。部署时需要考虑以下几点：

实时性：模型需要能够实时处理输入数据，及时给出风险预警。

可靠性：需要建立模型失效的备用机制，确保系统的持续运行。

可扩展性：模型应能够适应不同的产品和工艺，具有良好的扩展性。

用户界面：设计直观的用户界面，使操作人员能够轻松理解和使用模型预测结果。

模型部署后，持续优化是确保模型长期有效性的关键。这包括：

定期重训练：使用新的数据更新模型，适应工艺的变化。

性能监控：持续监控模型的预测性能，及时发现性能下降的情况。

反馈机制：建立操作人员反馈机制，收集实际使用中的问题和建议。

模型更新：根据新的数据和需求，不断优化模型结构和算法。

9.2.6 案例研究

某制药企业在其连续反应工艺中实施了基于大数据的风险预测系统。该系统整合了反应器的实时数据（温度、压力、流速等）、原料质量数据、环境监测数据以及历史事故记录。通过特征工程，提取了温度波动频率、压力变化率、原料纯度偏差等关键特征。

该企业采用了集成模型，结合了 LSTM 网络（用于捕捉参数的时序变化）和梯度提升树（用于处理类别型特征和静态特征）。模型训练使用了过去三年的生产数据，包括正常运行数据和少量的异常事件数据。为解决类别不平衡问题，采用了 SMOTE（Synthetic Minority Over sampling Technique）生成合成的少数类样本。

模型部署后，能够实时预测未来四小时内发生安全事故的概率，并根据风险等级触发不同级别的警报。在使用六个月后，该系统成功预警了多起潜在的安全事故，包括一次原料纯度异常可能导致的失控反应。系统的预警使得操作人员能够及时调整工艺参数，避免了事故的发生。

通过这个案例，我们可以看到基于大数据的工艺安全风险预测模型在实际生产中的巨大价值。它不仅提高了安全管理的主动性和精确性，还为持续的工艺优化提供了数据支持。随着数据积累和模型优化，这样的系统将在制药工艺安全管理中发挥越来越重要的作用。

9.3 人因工程学在制药设备设计中的应用

人因工程学，也称为人机工程学，是一门研究人与其工作环境之间相互作用的学科。在制药工业中，将人因工程学原理应用于设备设计不仅可以提高操作效率，还能显著降低人为错误和事故的发生率。本节将详细探讨如何在制药设备设计中应用人因工程学原理，以优化操作安全性和工作效率。

9.3.1　人因工程学基本原理

人因工程学的核心是以人为中心的设计理念。在制药设备设计中，这意味着要充分考虑操作者的生理和心理特征，使设备的设计与人的能力和限制相匹配。人因工程学的基本原则包括可用性、一致性、容错性、反馈机制和舒适性。可用性要求设备易于使用和理解，减少操作复杂性。一致性强调在不同设备间保持操作逻辑和界面的一致，以减少混淆。容错性设计能够容忍人为错误，并提供纠正机会。良好的反馈机制为操作者提供及时、清晰的操作信息。舒适性则关注操作者的生理舒适度，旨在减少疲劳和压力。在制药设备设计中，这些原则的应用可以显著提高操作安全性和效率。

9.3.2　人机界面设计

人机界面是操作者与设备交互的关键点。在制药设备中，良好的人机界面设计可以减少操作错误，提高工作效率。控制面板的布局应遵循人体工程学原理，将常用控件放置在操作者的最佳操作范围内，紧急控制装置应易于识别和操作。控制元件的分组和排列应符合逻辑顺序，便于操作者快速定位和操作。显示器设计需要提供清晰、易读的信息，考虑字体大小、颜色对比度和信息层次。关键参数应突出显示，警报信息应醒目且易于理解。对于复杂的工艺参数，可考虑使用图形化显示，如趋势图或流程图，以提高信息的可读性。警报系统的设计应避免过多的警报导致操作者疲劳或忽视。警报应按重要性分级，使用不同的声音和视觉信号来区分紧急程度。同时，警报信息应清晰指出问题所在和建议采取的行动。

9.3.3　设备布局和工作站设计

合理的设备布局和工作站设计可以提高操作效率，减轻操作者的身体负担。设备的高度、操作范围应考虑人体尺寸学数据，以适应不同身高的操作者。控制面板、显示器的高度和角度应可调节，以确保操作者能在舒适的姿势下工作。设备布局应基于工作流程分析，减少不必要的移动和操作。相关的设备和控制元件应放置在一起，便于操作者高效完成任务。同时，要考虑设备维护和清洁的便利性。工作环境的照明、噪声、温度和湿度等因素都会影响操作者的表现。设计时应考虑这些环境因素，确保操作者在舒适的环境中工作。例如，提供足够的照明以减少视觉疲劳，控制噪声水平以提高注意力集中度。

9.3.4　安全防护设计

安全防护是制药设备设计中的重要组成部分。人因工程学在安全防护设计中的应用可以提高防护措施的有效性。联锁系统的设计应考虑操作者的认知过程。系统应提供清晰的状态指示，并在触发联锁时给出明确的原因说明。解除联锁的程序应简单明了，但同时要防止意外或未经授权的操作。设备设计还应考虑操作者穿戴个人防护设备（PPE）时的操作便利性。例如，控制按钮的大小和间距应考虑操作者戴手套时的操作需求。显示器的设计应考虑操作者佩戴护目镜时的可读性。紧急停止按钮和其他紧急控制装置的位置应易于接近，且不会被其他设备遮挡。逃生路线应明确标识，并保持畅通。紧急情况下的操作程序应简单直观，便于在压力下快速执行。

9.3.5 培训和文档

人因工程学原则同样适用于操作培训和文档设计。操作手册应采用清晰、简洁的语言，配以图表说明。信息的组织应符合操作者的思维逻辑，便于快速查找和理解。考虑使用分步骤指导、检查清单等形式，以减少认知负担。培训程序应基于任务分析，针对不同岗位和技能水平设计。应包括实际操作练习，让操作者熟悉设备的人机界面和操作流程。可以考虑使用模拟器或虚拟现实技术，提供安全的练习环境。此外，应建立反馈机制，收集操作者的使用体验和建议。定期评估设备的人因工程学性能，并根据反馈进行改进。这种持续改进的过程可以不断优化设备的可用性和安全性。

9.3.6 案例研究

制药反应釜人因工程学优化的案例，可具体说明人因工程学在制药设备设计中的应用。在优化前，操作者反映反应釜的控制面板布局不合理，经常发生操作错误。通过应用人因工程学原理，设计团队进行了一系列改进。他们重新设计了控制面板布局，将常用控件放在最佳操作范围内。显示界面得到改进，使用图形化界面显示反应进程和关键参数。警报系统经过优化，减少了不必要的警报，提高了重要警报的辨识度。对反应釜高度和控制面板角度进行了调整，以提高操作舒适度。安全联锁系统得到改进，提供更清晰的状态指示和操作指导。最后，操作手册经过修订，增加了图示和检查清单。这些改进措施实施后，操作错误率显著降低，操作效率提高，操作者的满意度也大幅提升。

通过将人因工程学原理应用于制药设备设计，可以创造一个更安全、更高效的工作环境。这不仅能提高生产效率，还能减少事故发生，保护操作者的健康和安全。在未来的制药设备设计中，人因工程学将继续发挥重要作用，推动制药工业向更智能、更人性化的方向发展。

9.4 制药工艺安全文化评估与提升方法

安全文化是一个组织在安全管理方面的价值观、态度、认知和行为模式的总和。在制药工业中，强大的安全文化对于维护工艺安全、保障产品质量和员工健康至关重要。本节将详细探讨如何评估制药企业的安全文化现状，并提出有效的提升方法。

9.4.1　安全文化的重要性

安全文化在制药工艺安全管理中扮演着核心角色。良好的安全文化能够促进员工主动识别和报告潜在风险，遵守安全规程，并在日常工作中将安全置于首位。它不仅能降低事故发生的概率，还能提高整体的生产效率和产品质量。相反，薄弱的安全文化可能导致安全隐患被忽视，安全规程被违反，最终可能引发严重的安全事故。

在制药行业，安全文化尤为重要，因为制药过程通常涉及复杂的化学反应、精密的设备操作和严格的质量控制。一个强大的安全文化能够确保每个环节都得到应有的重视，从而保障药品的安全性和有效性。

9.4.2　安全文化评估方法

评估安全文化是提升安全管理的第一步。以下是几种常用的评估方法。

安全文化调查问卷是最常用的评估工具之一。这种方法通过设计针对性的问题，收集员工对安全管理各个方面的看法和态度。问卷内容通常涵盖管理承诺、安全沟通、员工参与、安全培训等多个维度。在制药企业中，问卷还可以包含特定的制药工艺的安全问题，如无菌操作、交叉污染防控等。

安全行为观察是另一种有效的评估方法。通过观察员对员工日常工作中的安全行为进行系统观察和记录，可以直接了解安全规程的执行情况。在制药车间，这可能包括观察员工是否正确使用个人防护装备、是否遵守清洁区操作规程等。

安全审核和检查也是评估安全文化的重要手段。通过定期的安全审核，可以评估企业的安全管理体系是否健全，各项安全措施是否得到有效实施。在制药企业中，还包括对良好生产规范（GMP）要求遵守情况的审核。

事故和近失事件分析是评估安全文化的重要窗口。通过深入分析已发生的事故和近失事件，可以了解企业在安全管理中存在的系统性问题。在制药行业，这种分析尤其重要，因为即使是小的偏差也可能对产品质量产生重大影响。

9.4.3　安全文化提升策略

基于评估结果，制药企业可以采取以下策略来提升安全文化。

领导层承诺与参与是提升安全文化的关键。企业高层应明确表达对安全的重视，并通过实际行动履行这一承诺。这可能包括定期参与安全会议、亲自进行安全检查、为安全改进项目提供必要资源等。在制药企业中，领导层还应强调质量与安全的密切关系，将两者视为企业核心价值的一部分。

有效的安全沟通是建立强大安全文化的基础。企业应建立多渠道的安全信息交流机制，确保安全信息能够自上而下、自下而上以及跨部门有效传递。在制药企业中，还应包括与监管机构、供应商和客户的安全信息交流。定期的安全会议、安全公告板、内部安全简报等都是有效的沟通工具。

员工参与是提升安全文化的重要途径。鼓励员工积极参与安全管理，如提出安全改进建议、参与安全委员会、担任安全观察员等。在制药企业中，可以设立跨职能的安全小组，讨论特定工艺或设备的安全问题。

持续的安全培训和教育对于提升安全文化至关重要。培训内容应涵盖一般安全知识、特定岗位的安全技能、最新的安全法规和标准等。在制药行业，还应包括GMP培训、特殊工艺安全培训等。培训方式可以多样化，包括课堂讲授、在线学习、模拟演练等。

建立公正的安全文化是提升整体安全文化的重要一环。企业应鼓励员工报告安全问题和近失事件，不会因为担心被惩罚而隐瞒问题。同时，对于故意违反安全规程的行为，应有明确的问责机制。在制药企业中，这种公正文化尤其重要，因为及时发现和纠正问题可能直接关系到药品质量和患者安全。

持续改进机制的建立能够确保安全文化的长期提升。企业应定期评估安全表现，识别改进机会，并实施有针对性的改进措施。这可能包括更新安全程序、改进工艺设计、升级安全设备等。在制药行业，这种持续改进还应与质量管理体系紧密结合。

9.4.4 案例研究

某制药企业在一次安全文化评估中发现，尽管公司有完善的安全管理制度，但员工的安全意识和主动参与度不高。基于这一发现，公司实施了一系列措施来提升安全文化。

第一，公司高层明确将安全文化建设列为企业战略目标之一，并亲自参与安全文化提升活动。他们定期进行安全巡查，参加安全会议，并在公司内部刊物上分享安全理念。

第二，公司建立了多层次的安全沟通机制。每周的部门会议都要讨论安全议题，每月举行全公司的安全分享会，建立了匿名的安全问题报告系统。

第三，公司鼓励员工参与安全管理。成立了由一线员工组成的安全改进小组，负责识别和解决日常工作中的安全问题。公司还设立了“安全创新奖”，奖励在安全改进方面有突出贡献的员工。

第四，公司加强了安全培训。除了常规的安全培训外，还引入了情景模拟训练，让员工在模拟的紧急情况下练习应对技能。对于关键岗位，还进行了专门的工艺安全培训。

第五，公司建立了“无责任报告”制度，鼓励员工报告近失事件和潜在风险，并承诺不因此追究责任。同时，对于故意违反安全规程的行为，制定了严格的处罚措施。

通过这些措施，该公司的安全文化得到显著提升。一年后的评估显示，员工的安全意识和参与度大幅提高，安全事故发生率降低了30%，近失事件报告数量增加了50%，反映出员工更加主动地识别和报告潜在风险。

总的来说，制药工艺安全文化的建设是一个长期的、系统的过程。它需要企业各个层面的共同努力，从高层管理者到一线操作人员都应该积极参与。通过持续的评估和改进，企业可以逐步建立起强大的安全文化，为制药工艺安全管理奠定坚实的基础。

9.5 总结

本章系统阐述了制药工艺安全的系统性风险管理策略，深入探讨了安全信息管理、大数据预测、人因工程学和安全文化建设等关键内容，为读者提供了全面的安全管理解决方案。

本章的框架如图 9-1 所示。

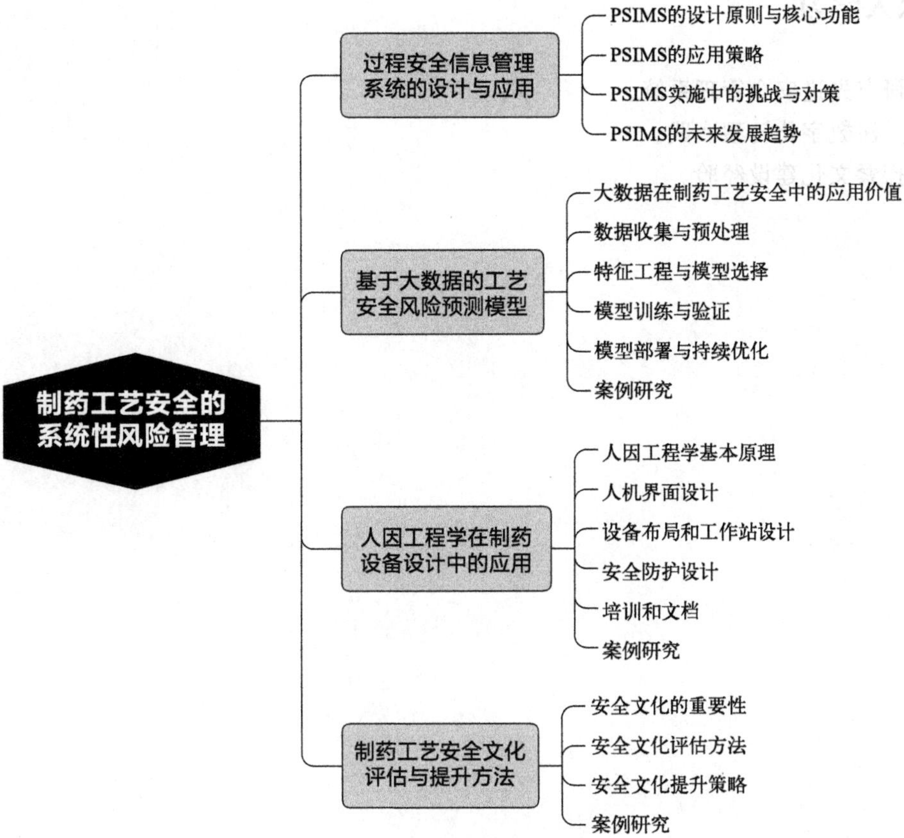

图 9-1　第 9 章内容框架

关键词

工艺安全、信息管理、大数据预测、人因工程、安全文化、风险管理、系统设计、模型构建、智能制造、数字化转型。

关键启示

1. 系统管理是安全保障的基础。
2. 数字技术是安全创新的驱动力。
3. 文化建设是安全发展的保障。

思考与展望

1. 如何实现安全管理的智能化升级？

2. 大数据预测模型的优化方向有哪些？
3. 安全文化建设的创新路径是什么？

建议深入学习

1. 研究先进安全管理系统。
2. 关注数字化转型实践。
3. 探索文化建设经验。

第 10 章

特殊药物的EHS管理策略

特殊药物的 EHS（环境、健康、安全）管理是制药行业面临的重要挑战。本章将系统探讨高活性药物、基因治疗和细胞治疗产品、放射性药物以及新型给药系统的安全管理策略，为特殊药物的全过程管理提供专业指导。

在医药创新不断突破的背景下，特殊药物的开发和应用带来了新的 EHS 管理需求。如何确保生产安全，如何保护职业健康，如何实现环境友好，已成为行业发展的关键问题。

本章将引导读者：

√ 掌握高活性药物的暴露控制技术。

√ 了解基因治疗和细胞治疗的生物安全管理。

√ 把握放射性药物的全程管理要求。

√ 探索新型给药系统的风险评估方法。

通过本章学习，读者将建立特殊药物 EHS 管理的系统认知，为企业安全生产提供专业指导。

10.1 高活性药物生产的职业暴露控制技术

高活性药物（HPAPIs）是现代制药工业中一个快速发展的领域。这类药物在极低剂量下就能产生显著的生物学效应，包括某些抗癌药物、激素类药物和某些新型靶向治疗药物。虽然这些药物在治疗方面具有巨大潜力，但它们也给生产过程中的职业健康安全带来了严峻挑战。本节将深入探讨高活性药物生产中的职业暴露风险及其控制技术。

10.1.1 高活性药物的特性及职业暴露风险

高活性药物通常具有以下特性：极低的有效剂量、强烈的药理学活性、较窄的治疗指数以及潜在的严重毒性。这些特性使得即使极微量的职业暴露也可能对工作人员造成严重健康影响。职业暴露的主要途径包括吸入、皮肤接触和意外摄入。

在生产过程中，粉尘生成是主要的暴露风险。高活性药物的粉尘可能在称量、混合、制粒、压片等操作中产生。这些粉尘颗粒通常非常细小，可以长时间悬浮在空气中，增加了吸入暴露的风险。此外，某些液体制剂在配制过程中可能产生气溶胶，同样构成吸入风险。

皮肤接触是另一个重要的暴露途径。某些高活性药物具有经皮肤吸收的特性，即使是健康的皮肤也可能吸收足够剂量的药物而导致系统性影响。在生产、清洁和维护设备的过程中，都可能发生皮肤接触。

意外摄入虽然相对少见，但后果可能更为严重。这可能发生在不当的个人卫生习惯（如在工作区域进食）或交叉污染的情况下。

暴露的健康影响可能包括急性和慢性效应。急性效应可能包括皮肤刺激、过敏反应或急性中毒症状。慢性效应则可能更为隐蔽和严重，如内分泌紊乱、生殖系统影响、致癌性等。因此，有效控制职业暴露对于保护工作人员健康至关重要。

10.1.2 暴露评估和分级控制策略

在实施具体的控制措施之前，首先需要进行全面的暴露评估。这包括识别潜在的暴露源、评估暴露途径和程度以及确定可能受影响的工作人员。暴露评估通常结合定性和定量方法进行。定性评估包括工艺分析、操作观察和员工访谈等。定量评估则涉及环境监测和生物监测。

环境监测主要包括空气采样和表面污染检测。对于高活性药物，通常需要采用高灵敏度的分析方法，如高效液相色谱-质谱联用（HPLC-MS）技术。生物监测可以直接评估工作人员体内的药物或其代谢物水平，为评估实际暴露程度提供重要依据。

基于暴露评估结果，可以采用分级控制策略。这种策略将暴露风险分为不同等级，并针对每个等级采取相应的控制措施。常见的分级方法包括基于职业暴露限值（OEL）的四带法或五带法。例如，在五带法中，可能将暴露水平分为极低风险、低风险、中等风险、高风险和极高风险五个等级。

对于高活性药物，即使是最低等级的暴露也需要采取严格的控制措施。随着风险等级的提高，控制措施会逐步加强，可能从一般的工程控制措施升级到完全密闭的隔离系统。这种分级方法允许企业根据实际风险水平合理分配资源，既确保安全，又避免过度投入。

10.1.3 工程控制措施

工程控制是高活性药物生产中重要的暴露控制手段。它通过改变工作环境或工艺设备来消除或减少暴露风险，是控制层级中优先考虑的措施。

10.1.3.1 密闭系统

对于高活性药物生产，采用完全密闭的系统是最有效的控制措施之一。这种系统将整个生产过程封闭在一个物理屏障内，最大限度地减少药物与外界环境的接触。常见的密闭系统包括隔离器技术和限制进入屏障系统（RABS）。

隔离器技术提供了最高级别的保护。它是一个完全封闭的系统，内部维持正压或负压状态，通过手套端口进行操作。隔离器内部通常配备高效空气过滤系统，确保内部环境的洁净度。对于高活性药物生产，通常采用负压隔离器，以防止药物逸出。

RABS 虽然不如隔离器那样完全密闭，但也提供了较高水平的保护。它通常由透明的物理屏障和手套端口组成，允许操作者在不直接接触产品的情况下进行操作。RABS 的优势在于它比隔离器更灵活，更容易进行清洁和维护。

在选择密闭系统时，需要考虑多个因素，包括药物的活性水平、生产规模、操作灵活性需求等。对于极高活性的药物，隔离器可能是唯一合适的选择。而对于活性相对较低或需要频繁人工干预的工艺，RABS 可能更为合适。

10.1.3.2 局部排风系统

虽然密闭系统是首选，但在某些情况下可能无法实现完全密闭。这时，局部排风系统（local exhaust ventilation，LEV）成为重要的补充控制措施。LEV 的目的是在污染物产生的源头将其捕获并排出，防止其扩散到工作环境中。

对于高活性药物生产，常用的 LEV 包括通风柜、下吸式工作台和便携式抽风装置等。通风柜广泛用于小规模操作和实验室工作。对于大规模生产，可能需要设计专门的抽风系统，如在粉碎机、制粒机等设备上安装集尘罩。

LEV 的设计需要考虑多个因素，包括气流速度、罩口设计、管道布局等。对于高活性药物，通常需要较高的面速（如 0.5m/s 或更高）以确保有效捕获。排出的气体在排放前必须经过高效过滤，通常使用高效空气过滤器（HEPA）或超高效空气过滤器（ULPA）。

10.1.3.3 一般通风系统

一般通风系统虽然不如密闭系统和 LEV 那样有效，但在整体控制策略中仍然扮演重要角色。在高活性药物生产区域，通常采用高效的空气处理系统，确保足够的换气次数和适当的气流方向。

气流设计是关键考虑因素。通常采用从洁净区到污染区的气流方向，防止污染物向洁净区扩散。在某些情况下，可能需要设置气闸室或缓冲区，以进一步控制气流和防止交叉污染。

空气过滤同样重要。进气和排气都需要经过高效过滤。对于排气，可能需要多级过滤，包括预过滤器、中效过滤器和高效过滤器。某些情况下，可能还需要活性炭过滤器来吸附挥发性有机化合物。

10.1.3.4 设备设计和自动化

设备的合理设计和自动化技术的应用也是重要的工程控制措施。在设备设计方面，应尽量减少开放操作，采用密闭传输系统，如气动传输或真空传输系统。设备接口应采用无尘连接技术，如快速连接装置。

自动化技术可以显著减少人工干预，从而降低暴露风险。例如，使用自动称量和配料系统可以避免人工操作过程中的粉尘暴露。自动清洁系统（clean-in-place，CIP）和灭菌系统（sterilize-in-place，SIP）可以减少设备清洁和维护过程中的暴露风险。

然而，在引入自动化系统时，需要仔细评估可能带来的新风险。例如，自动系统的故障可能导致意外释放。因此，需要设计可靠的故障安全机制和应急响应程序。

10.1.4 个人防护设备

尽管工程控制是首选的控制措施，但个人防护设备（personal protective equipment，

PPE）在高活性药物生产中仍然是不可或缺的最后一道防线。PPE 的选择和使用需要基于详细的风险评估，考虑药物的特性、暴露途径和工作任务的性质。

对于高活性药物生产，通常需要全面的 PPE 方案，包括呼吸防护、皮肤防护和眼部防护。呼吸防护设备可能包括全面罩动力送风过滤式呼吸器（PAPR）或正压供气式呼吸器，具体选择取决于药物的危害性和暴露水平。皮肤防护通常包括化学防护服、双层手套系统和防化学品靴子。眼部防护可能需要使用密封性好的护目镜或面罩。

PPE 的正确使用和维护同样重要。需要制定详细的穿戴和脱卸程序，以防止交叉污染。定期的培训和检查是确保 PPE 有效性的关键。此外，还需要建立 PPE 的更换和处置程序，特别是对于一次性使用的 PPE。

10.1.5 管理控制措施

除了工程控制和 PPE，有效的管理控制措施对于确保高活性药物生产的安全至关重要。这包括制定和实施全面的职业健康安全管理体系，涵盖风险评估、操作规程、培训、监测和应急响应等方面。

标准操作规程（SOPs）是管理控制的核心。对于高活性药物生产，需要制定详细的 SOPs，涵盖从原料处理到废弃物处置的每个环节。这些 SOPs 应明确规定安全操作步骤、必要的控制措施和应急程序。

培训是确保 SOPs 有效执行的关键。所有接触高活性药物的人员都应接受全面的安全培训，包括药物危害性、暴露控制措施、PPE 使用、应急处理等内容。培训应定期进行，并在工艺或程序发生变化时及时更新。

健康监测是另一个重要的管理控制措施。对于接触高活性药物的员工，应建立定期的健康检查制度。这可能包括常规体检、特定的生物监测和医学随访。健康监测数据应与暴露评估结果结合分析，以评估控制措施的有效性并及时发现潜在的健康问题。

此外，还需要建立有效的事故报告和调查系统。任何涉及高活性药物的事故或近似事故都应被详细记录和调查，以识别根本原因并采取纠正措施。这种持续改进的方法对于不断提高安全管理水平至关重要。

10.1.6 新兴技术和未来趋势

随着科技的进步，一些新兴技术正在为高活性药物的暴露控制带来新的可能性。例如，纳米材料技术正在开发新型的过滤材料，可能大幅提高空气和液体过滤的效率。生物传感器技术的发展可能使实时、高灵敏度的暴露监测成为可能，从而实现更精准的控制。

人工智能和机器学习技术也开始在暴露控制领域发挥作用。这些技术可以分析大量的监测数据，识别潜在的暴露模式，预测可能的风险情况，从而支持更主动的控制策略。

另一个重要趋势是向绿色化学和工艺安全的转变。这包括开发新的合成路线以减少高活性中间体的使用，以及设计本质上更安全的生产工艺。例如，连续流动化学技术正在被越来越多地应用于高活性药物生产。这种技术可以在微反应器中进行反应，大大减少了药物暴露的风险，同时也提高了生产效率。

3D 打印技术在药物生产中的应用也值得关注。这种技术可能允许在完全封闭的环境中进行小批量、个性化的药物生产，从而最大限度地减少人员暴露。

虚拟现实（VR）和增强现实（AR）技术正在被用于培训和操作指导。这些技术可以模拟高风险操作场景，让操作人员在虚拟环境中练习安全操作程序，而不会面临实际的暴露风险。

10.1.7　法规遵从和国际标准

高活性药物生产的职业暴露控制不仅是技术问题，也是法规遵从的重要方面。各国和地区都有相关的法规要求，制药企业必须严格遵守这些要求。

在美国，职业安全与健康管理局（OSHA）制定了危险药物处理的指南。虽然这些指南主要针对医疗机构，但其中的许多原则也适用于制药生产。美国国家职业安全与健康研究所（NIOSH）也发布了关于危险药物的警报，为识别和处理这些药物提供了指导。

在欧盟，欧洲药品管理局（EMA）发布了关于高活性物质生产的指导文件。这些文件详细规定了设施设计、工艺控制和人员防护的要求。欧盟的 REACH 法规也对某些高活性物质的使用和暴露控制提出了要求。

国际标准化组织（ISO）制定了多个相关标准，如 ISO 14644 系列标准（洁净室及相关受控环境），为高活性药物生产设施的设计和运行提供了指导。

制药企业需要密切关注这些法规和标准的更新，并确保其暴露控制措施始终符合要求。这不仅是法律合规的需要，也是保护员工健康和维护企业声誉的重要保障。

10.1.8　经济性考虑和成本效益分析

在实施高水平的暴露控制措施时，虽然初期可能需要大量的资金投入，但从长远来看，这种投资通常是经济合理的。有效的暴露控制能够大幅度降低职业病的风险，减少员工的缺勤和流失，提高整体的生产效率，并降低潜在的法律风险和赔偿成本，这些都对企业的长期健康发展具有积极影响。

进行成本效益分析时，企业需要考虑多个关键因素。首先，直接成本是需要评估的核心内容，主要包括工程控制设备的购置和安装、个人防护装备（PPE）的采购以及环境监测系统的建立等，这些费用直接与暴露控制措施的实施相关。其次，间接成本同样重要，企业需要将培训费用、设备维护成本和能源消耗等纳入考量，这些费用尽管不如直接成本那样显性，但也是必不可少的开支。最后，还需考虑潜在的收益，主要包括降低的保险费用、提高的生产效率和减少的废品率等，这些都是通过有效控制暴露风险而带来的直接经济效益。

另一个需要关注的因素是风险成本，包括潜在的职业病赔偿、监管处罚以及声誉损失等。职业病的发生不仅对员工健康构成威胁，也可能给企业带来巨大的赔偿负担和品牌形象的损害。有效的暴露控制可以显著降低这些风险，从而避免长远的经济损失和法律责任。

通过对这些因素的全面分析，企业可以更清晰地规划和优化其暴露控制投资。需要注意的是，某些看似昂贵的控制措施（如完全密闭系统）可能会在长期内展现出更高的成本效益。例如，虽然这种系统在初期投资较高，但它能够显著降低持续运营中的维护费用、能耗和其他相关风险，从而在未来几年内带来更为可观的经济回报。因此，企业应根据具体情况进行综合考量，避免仅仅依据初期成本做出决策。

10.1.9 案例研究和最佳实践

通过分析成功的案例和最佳实践，可以为高活性药物生产的暴露控制提供宝贵的经验和启示。

案例1：某跨国制药公司在建立新的高活性药物生产线时，采用了全面的暴露控制策略。他们使用计算流体动力学（CFD）模拟来优化厂房布局和通风系统设计，确保气流方向始终从低风险区域向高风险区域流动。同时，他们在关键操作点安装了实时粒子监测系统，与通风系统联动，可以根据检测结果自动调节通风参数。这种动态控制系统不仅提高了暴露控制的效果，还优化了能源使用，降低了运营成本。

案例2：一家专注于抗癌药物生产的中型制药企业面临资金限制，无法一次性投入大量资金进行全面改造。他们采取了分阶段实施的策略。首先，他们对现有工艺进行了详细的风险评估，识别出最高风险的操作步骤。然后，他们优先为这些高风险步骤实施了隔离器系统。对于其他步骤，他们暂时加强了PPE要求和管理控制措施。通过这种方法，他们在有限的预算内显著降低了整体暴露风险，并为未来的进一步改进制定了清晰的路线图。

最佳实践总结：采用基于风险的方法，优先控制高风险区域和操作；结合多种控制措施，形成多层防护；重视员工培训和参与，培养安全文化；定期评估控制措施的有效性，持续改进；关注新技术的应用，提高控制效率和可靠性；建立有效的信息共享机制，及时传播最新的安全信息和最佳实践。

10.2 基因治疗和细胞治疗产品的生物安全管理

基因治疗和细胞治疗是现代医学中最前沿和最具潜力的领域之一。这些创新疗法为许多曾被认为无法治愈的疾病带来了新的希望。然而，与这些先进治疗产品相关的生物安全风险也引起了广泛关注。本节将深入探讨基因治疗和细胞治疗产品的生物安全管理策略，涵盖从实验室研究到临床应用的全过程。

10.2.1 基因治疗和细胞治疗的基本概念

基因治疗是通过引入、移除或改变特定基因来治疗或预防疾病的方法。这可能涉及使用病毒载体将治疗基因导入患者细胞，或直接编辑患者的基因组。细胞治疗则是将活细胞引入患者体内以治疗疾病，这些细胞可能是经过基因修饰的自体或异体细胞。

这两种治疗方法都涉及复杂的生物学过程和潜在的生物安全风险。例如，用于基因治疗的病毒载体可能引发免疫反应或意外插入宿主基因组。细胞治疗产品可能含有潜在的病原体或引发不良免疫反应。因此，严格的生物安全管理对于确保这些创新疗法的安全性至关重要。

10.2.2 生物安全风险评估

对基因治疗和细胞治疗产品进行全面的生物安全风险评估是安全管理的基础。这种评估需要考虑多个因素，包括但不限于：使用的基因或细胞类型、载体系统、生产过程、给药方式以及潜在的环境影响。

对于基因治疗产品，需要特别关注载体系统的安全性。例如，逆转录病毒载体可能存在插入突变的风险，而腺相关病毒（AAV）载体虽然安全性较高，但可能引发免疫反应。此外，还需评估治疗基因本身的潜在影响，特别是当它涉及生长因子或免疫调节因子时。

细胞治疗产品的风险评估则需要考虑细胞来源、培养条件、基因修饰以及细胞的增殖和分化潜能。例如，多能干细胞可能存在形成肿瘤的风险，而异体细胞可能引发移植物抗宿主病（GVHD）。

环境风险评估也是不可或缺的一部分，包括评估治疗产品或其组分（如病毒载体）在环境中的存活能力、传播潜力以及对非目标生物的潜在影响。

10.2.3　实验室生物安全

在基因治疗和细胞治疗产品的研发过程中，实验室的生物安全是至关重要的考虑因素。根据所涉及的生物因子的风险等级，实验室的生物安全级别通常从生物安全一级（BSL-1）到生物安全四级（BSL-4）不等。不同生物安全级别的实验室对应不同程度的风险控制和防护措施。

对于大多数基因治疗和细胞治疗研究，生物安全二级（BSL-2）实验室通常是足够的。然而，若研究涉及高风险的病原体或是未知风险的新型基因编辑技术，则可能需要更高级别的生物安全实验室，如 BSL-3 或 BSL-4 级别的环境，以确保有效防止潜在的生物危害。

实验室生物安全管理应包括多个关键方面。首先，设施和设备的设计是确保实验室生物安全的基础。这包括适当的通风系统、符合标准的生物安全柜和隔离设备。例如，针对病毒载体生产的实验室，可能需要设置负压环境和 HEPA 过滤系统，以有效防止病毒粒子的泄漏与传播。设施设计应确保每个环节都符合安全标准，并提供必要的隔离和保护措施。

其次，标准操作规程（SOPs）的制定和执行至关重要。实验室操作流程应详细规定样本处理、废弃物处理、设备清洁和消毒等各个环节的安全操作方法。特别是对于基因治疗产品的研发，必须采取严格的防止交叉污染的措施，包括对实验器材和工作环境的高标准消毒与清洁程序。

此外，人员培训也是生物安全管理中不可或缺的一部分。所有参与研究的人员必须接受全面的生物安全培训，内容应包括理论知识和实践操作，涵盖风险识别、安全操作程序、个人防护设备（PPE）的正确使用以及紧急情况处理等方面的知识。通过定期的培训和演练，确保所有人员能够迅速应对突发事件，降低操作过程中可能出现的风险。

最后，实验室应建立有效的生物安全监督和审核机制。这包括定期进行的安全检查、内部审核以及外部专家评估。所有的安全事件或近似事故都应被详尽记录，并展开彻底调查，以持续改进实验室的安全管理体系。通过反馈与改进，实验室可以在实践中不断优化生物安全措施，从而保障研究的顺利进行和人员的安全。

综上所述，实验室生物安全管理需要从设计、操作、培训到监督等各个方面入手，综合施策，确保实验室环境的安全性和研究活动的顺利进行。

10.2.4　生产过程的生物安全管理

随着基因治疗和细胞治疗产品进入临床试验和商业化阶段，生产过程的生物安全管理变得尤为重要。这不仅关系到产品质量和患者安全，也直接影响到生产人员和环境的安全。

对于病毒载体的生产，需要采用封闭系统和严格的隔离措施。这可能涉及使用生物反应器和一次性技术，以降低开放操作和交叉污染的风险。生产区域通常需要设置为独立的洁净区，配备独立的空气处理系统及严格的人员和物料流动控制系统。

细胞治疗产品的生产则需要考虑无菌操作和细胞污染控制。这通常需要在GMP级别的洁净室内进行，并使用专门设计的细胞培养系统。对于自体细胞产品，还需要特别注意防止不同患者样本之间的混淆和交叉污染。

在生产过程中，实时监测和控制至关重要。这可能包括连续的环境监测（如空气和表面微生物检测）、过程参数监控（如pH值、温度、气体组成等）以及产品质量检测。对于基因治疗产品，可能还需要进行载体完整性和基因表达水平的检测。

废弃物管理是另一个重要方面。基因治疗和细胞治疗产品的生产可能产生具有生物危害的废弃物，包括感染性废弃物和基因修饰生物体（GMOs）。这些废弃物需要按照严格的程序进行处理和处置，通常涉及高温高压灭菌或化学灭活等方法。

10.2.5 临床应用中的生物安全管理

基因治疗和细胞治疗产品在临床应用阶段的生物安全管理涉及多个层面，从产品运输、储存到给药和患者监测都需要特别注意。

产品的运输和储存需要严格的温度控制和防泄漏措施。许多细胞治疗产品需要超低温储存，这就要求建立可靠的冷链系统。同时，运输过程中还需考虑生物安全标识和紧急情况处理程序。

在医疗机构内，需要建立专门的区域和程序来处理这些先进治疗产品。这可能包括设立专门的制备区域，配备生物安全柜和适当的个人防护设备。医务人员需要接受特殊培训，了解产品的特性和潜在风险，以及正确的处理和给药程序。

给药过程中的生物安全管理尤为重要。例如，使用病毒载体进行基因治疗时，需要采取措施防止医务人员和其他患者的意外暴露。这可能包括使用封闭式给药系统、适当的个人防护装备，以及对治疗区域进行隔离和消毒。

患者监测是另一个关键环节。除了常规的临床监测外，还可能需要进行特殊的生物安全监测，如检测病毒载体的脱落情况或评估基因整合的长期影响。对于某些治疗，可能还需要长期随访来评估潜在的迟发性副作用。

此外，还需要建立完善的不良事件报告和应急响应机制。任何疑似与治疗相关的不良反应都应及时报告和调查，必要时启动应急预案。这不仅关系到患者安全，也是完善产品安全性数据的重要途径。

10.2.6 环境影响和生态安全

基因治疗和细胞治疗产品的环境影响是一个日益受到关注的问题。虽然这些产品主要用于人体内，但仍存在潜在的环境释放风险，特别是对于使用病毒载体的基因治疗产品。

环境风险评估需要考虑多个因素，包括载体或细胞在环境中的存活能力、潜在的基因转移、对非目标生物的影响等。例如，在一定时间内某些病毒载体可能在环境中保持感染性，理论上可能感染其他生物或与野生型病毒重组。

为降低环境风险，可采取多种策略。在产品设计阶段，可以选择具有有限复制能力或环境适应性较差的载体系统。在生产和使用过程中，需要实施严格的废弃物管理和消毒程序。对于某些高风险产品，可能还需要进行环境监测，评估潜在的生态影响。

此外，还需要考虑长期的生态安全问题。例如，基因治疗可能导致患者体内产生转基因细胞，这些细胞理论上可能通过某些途径（如器官移植）传播到其他个体。虽然这种情况在现实中极少发生，但仍需要在风险评估和长期监测中予以考虑。

10.2.7　监管框架和国际协调

基因治疗和细胞治疗产品的生物安全管理面临着复杂的监管环境。不同国家和地区可能有不同的监管要求，这给跨国研究和产品开发带来了挑战。

在美国，食品药品监督管理局（FDA）负责监管这类产品，并制定了相关指南文件。欧盟则通过欧洲药品管理局（EMA）和各成员国的监管机构共同管理，并制定了针对高级治疗医疗产品（ATMPs）的特殊法规。

国际协调对于促进这一领域的发展至关重要。国际人用药品注册技术要求协调会（ICH）正在努力制定全球统一的指导原则。世界卫生组织（WHO）也发布了基因治疗产品质量、安全性和有效性评估的指导文件。

然而，监管框架需要不断更新以跟上技术发展的步伐。例如，CRISPR/Cas9 等新兴基因编辑技术的出现，给现有的监管体系带来了新的挑战。监管机构需要在确保安全的同时，也为创新留出空间。

10.2.8　伦理考量和公众沟通

基因治疗和细胞治疗不仅涉及技术和安全问题，还引发了深刻的伦理思考。特别是涉及胚胎干细胞或生殖系基因编辑的研究，常常处于伦理争议的中心。

生物安全管理需要在科学、伦理和社会接受度之间寻找平衡。这要求建立透明的决策过程，并吸收多方利益相关者的参与，包括科学家、伦理学家、患者代表和公众。

公众沟通和教育也是生物安全管理的重要组成部分。准确、透明地传播相关信息，有助于增进公众理解，减少不必要的恐慌和误解。同时，也需要建立有效的机制来收集和回应公众的关切。

10.2.9　未来展望

随着基因治疗和细胞治疗技术的快速发展，生物安全管理策略也需要不断演进。未来可能的发展方向包括：

更精准的风险评估模型：利用大数据和人工智能技术，开发更精确的风险预测和评估工具。

新型安全载体系统：开发具有更高安全性和特异性的基因递送系统，减少非特异性效应和环境风险。

先进的监测技术：发展新的分子生物学和影像学技术，实现对治疗效果和潜在风险的实时、长期监测。

标准化和自动化：推动生产和质控过程的标准化和自动化，减少人为错误，提高安全性。

全球协作网络：建立更紧密的国际合作机制，促进安全数据的共享和最佳实践的传播。

总之，基因治疗和细胞治疗产品的生物安全管理是一个动态发展的领域，需要不断适应新的科技进步和挑战。未来的发展还可能包括：

个性化安全管理：随着精准医疗的发展，生物安全管理可能需要更多地考虑个体差异，为不同患者群体制定差异化的安全策略。

生态系统方法：采用更全面的生态系统视角来评估和管理生物安全风险，考虑治疗产品在整个生物圈中的潜在影响。

伦理框架的演进与优化：随着技术能力的扩展，特别是在基因编辑领域，可能需要重新审视和调整现有的伦理框架。

公众参与模式的创新：开发新的方式来促进公众对生物安全问题的理解和参与，可能包括使用虚拟现实等新技术来进行科普教育。

10.3 放射性药物全生命周期的安全管理

放射性药物在核医学的诊断和治疗中占据着重要地位，其独特的放射性核素特性使其不仅能为疾病的早期诊断提供强大支持，还能通过靶向治疗改善患者的治疗效果。然而，放射性药物的特殊性质也带来了严峻的安全管理挑战。从药物的生产、运输、临床使用到废弃物处理的每一个环节，都需要进行严格的安全管控，以确保操作人员、患者及公众的安全。在这个过程中，法规、技术、设备和人员培训等多个方面相辅相成，共同保障放射性药物全生命周期的安全性。因此，建立完善的安全管理体系，尤其是在辐射防护、废弃物管理、应急响应等领域，对于放射性药物的安全使用至关重要。

10.3.1 放射性药物的特殊性

放射性药物在现代医学中扮演着重要角色，特别是在核医学诊断和治疗领域。与常规药物最大的区别在于其含有放射性核素，这些核素会随时间衰变，释放出电离辐射。这一特性使得放射性药物具有独特的优势，如可用于显像诊断或靶向治疗，但同时也带来了特殊的安全挑战。放射性药物的安全管理不仅要考虑常规药物的安全性问题，还必须特别关注辐射防护。因此，从生产到使用再到废弃物处理的整个生命周期都需要特别的注意和严格的管控。

10.3.2 法规框架

放射性药物的管理涉及多个监管部门，通常包括药品监管机构、辐射防护部门和核安全部门。主要的法规框架包括药品相关法规、辐射防护法规、运输安全法规和废物管理法规。这些法规共同构成了放射性药物安全管理的基础，确保了从生产到最终处置的每个环节都有明确的安全标准和操作规范。药品生产质量管理规范确保了药品质量，辐射防护法规则规定了职业人员和公众的剂量限值以及场所管理要求。运输安全法规针对放射性物质运输提出了特殊要求，废物管理法规则详细规定了放射性废物的处理、储存和处置要求。这些法规的严格执行是确保放射性药物全生命周期安全的关键。

10.3.3 生产阶段的安全管理

10.3.3.1 设施设计

放射性药物的生产设施需要特殊设计，以确保操作人员和环境的安全。这些设计包括适当的屏蔽、专门的通风系统和除污设施。通常，高活度操作会在热室或屏蔽操作箱内进行，这些设施提供了必要的辐射防护。设施的布局也经过精心规划，以最小化人员暴露风险，同时确保生产流程的效率。

10.3.3.2 人员防护

操作人员的安全是首要考虑因素。所有参与生产的人员必须佩戴个人剂量计，以监测其受到的辐射剂量。此外，根据具体操作的性质，人员需要使用适当的个人防护设备（PPE），如铅衣、铅眼镜等。定期的健康检查和剂量监测是确保人员长期安全的重要措施。

10.3.3.3 生产过程控制

在生产过程中，采用自动化设备和远程操作技术是减少人员直接接触放射性物质的有效方法。这不仅提高了安全性，也增加了生产的精确度和一致性。质量控制环节尤为重要，除了常规药品质量控制外，还需进行放射性核素纯度、放射化学纯度等特殊检测，以确保产品的安全性和有效性。

10.3.4 运输安全

放射性药物的运输是一个关键的安全环节。使用符合国际原子能机构（IAEA）标准的专用运输容器是确保运输安全的基础。这些容器不仅在正常运输条件下提供足够的屏蔽，还能在可能的事故情况下维持密封性。所有运输包装必须有清晰的放射性警告标志和相关信息，以便在处理过程中引起足够的重视。根据药物的活度和类型，可能需要选择特定的运输方式，有时甚至需要使用专门的运输车辆。此外，制定详细的运输应急预案也是必不可少的，以应对可能发生的事故情况。

10.3.5 临床使用阶段的安全管理

医疗机构使用放射性药物时，安全管理仍然是首要考虑因素。核医学科需要进行合理的分区，设置控制区和监督区，并配备适当的屏蔽设施。在给药过程中，使用自动注射器或远程操作设备可以有效减少医护人员的辐射暴露。对患者的管理也是关键，需要向患者提供明确的辐射防护指导，必要时还需进行隔离。此外，患者排泄物、使用过的注射器等都需要作为放射性废物进行特殊处理。

10.3.6 废弃物管理

放射性药物使用后产生的废弃物管理是整个生命周期中的最后一个重要环节。废弃物需要根据半衰期和活度水平进行分类。对于短半衰期的核素，可以通过贮存衰变后作为普通医疗废物处理。而长半衰期或高活度的废物则需要送往专门的放射性废物处理设施。整个过程中，保持详细的废物产生、贮存和处置记录是非常重要的，这不仅是法规要求，也是确保长期安全管理的基础。

10.3.7 应急预案和事故处理

尽管采取了严格的预防措施，仍然需要为可能发生的事故做好准备。制定详细的应急预案是必要的，这些预案应涵盖可能的事故情景，如泄漏、污染、过度暴露等。配备必要的应急设备，如辐射检测仪、去污工具包等，也是应急准备的重要部分。定期进行应急演练可以确保所有相关人员熟悉应急程序，提高在实际情况下的反应能力。此外，建立明确的事故报告机制，对发生的事故进行彻底调查和分析，是持续改进安全管理的重要途径。

10.3.8 教育和培训

持续的教育和培训是确保放射性药物安全管理的关键。所有接触放射性药物的人员都应接受基本的辐射防护培训，而针对不同岗位，如生产人员、运输人员、医护人员等，还需制定专门的培训计划。培训内容应定期更新，以跟进安全标准和技术发展。除了技术培训，培养强烈的安全意识和文化也同样重要，鼓励所有人员主动报告安全隐患，共同维护安全环境。

10.3.9 质量保证和审计

建立全面的质量保证体系是确保安全管理措施有效实施的重要手段。定期进行内部安全审计可以评估各项安全措施的执行情况，及时发现和纠正问题。同时，接受监管部门的定期检查也是必要的，这不仅是法规要求，也是持续改进的重要驱动力。建立机制收集和分析安全相关数据，推动管理体系的不断完善，是实现长期安全管理的有效途径。

10.3.10 新技术应用

随着科技的发展，新技术的应用为放射性药物的安全管理带来了新的机遇。微量给药技术通过提高灵敏度，可以减少所需的放射性药物剂量，从而降低辐射风险。靶向递送系统的发展提高了药物的靶向性，减少了对非靶器官的辐射影响。人工智能技术的应用则可以优化给药剂量，提高诊断和治疗效果，同时最小化不必要的辐射暴露。这些新技术的合理应用，将进一步提升放射性药物使用的安全性和有效性。

10.3.11 国际合作与标准化

放射性药物的安全管理需要全球协作。积极参与国际原子能机构（IAEA）、世界卫生组织（WHO）等机构制定的相关标准的实施，是提升全球安全管理水平的重要途径。促进国际的经验交流和最佳实践分享，可以帮助各国更好地应对共同面临的挑战。在放射性药物的跨境运输、事故应对等方面加强国际合作，也是确保全球范围内安全管理的必要措施。

10.4 新型给药系统的 EHS 风险评估方法

随着药物研发技术的不断进步，新型给药系统如纳米载体、靶向递送系统和缓释制剂等正逐步改变传统的药物治疗方式。它们在提高药物疗效、减少副作用和提升患者体验方面具有显著优势，但也带来了全新的环境、健康和安全（EHS）挑战。这些挑战主要源于新型给药系统在材料、结构及在体内外的行为上的独特性。因此，科学、系统的 EHS 风险评估显得尤为重要。为了确保新型给药系统能够在有效发挥疗效的同时，最大程度地保障患者和环境的安全，必须对其在整个生命周期中的潜在风险进行全面评估。本节将探讨新型给药系统的 EHS 风险评估方法，重点介绍如何通过危害识别、暴露评估、剂量-反应关系分析及风险表征等步骤，全面分析和评估这些新型给药系统的潜在风险。

10.4.1 新型给药系统概述

新型给药系统是现代药物研发和应用中的一个重要领域，它旨在提高药物的治疗效果，减少副作用，并提升患者的用药体验。这些系统包括但不限于纳米载体、靶向递送系统、缓释制剂、经皮给药系统等。随着技术的不断进步，新型给药系统在提高药物疗效的同时，也带来了新的环境、健康和安全（EHS）挑战。因此，建立一套科学、系统的 EHS 风险评估方法对于确保新型给药系统的安全应用至关重要。

10.4.2 风险评估框架

10.4.2.1 危害识别

在评估新型给药系统的 EHS 风险时，首先需要进行全面的危害识别。这个过程涉及对给药系统使用的所有材料、制备过程中涉及的化学反应以及最终产品可能产生的影响进行深入分析。对于纳米材料等新型载体，需要特别关注其独特的物理化学性质可能带来的潜在风险。此外，还需要考虑给药系统在使用过程中可能发生的变化，以及这些变化对环境和人体健康的潜在影响。危害识别阶段的全面性直接影响后续风险评估的准确性和有效性。

10.4.2.2 暴露评估

暴露评估是风险评估中的关键环节，它需要考虑新型给药系统在整个生命周期中可能发生的暴露情况。这包括生产过程中工人的职业暴露、患者使用过程中的暴露，以及药物或其代谢物通过各种途径进入环境后可能造成的环境暴露。对于某些新型给药系统，如纳米载体，还需要考虑其在体内的分布、代谢和清除过程，这些因素会直接影响暴露程度和持续时间。暴露评估应该结合实验数据和模型预测，以获得尽可能准确的暴露情景。

10.4.2.3 剂量-反应关系分析

建立新型给药系统的剂量-反应关系是风险评估中最具挑战性的部分之一。这是因为许多新型给药系统的生物学效应可能与传统剂型有显著差异。例如，纳米材料可能表现出独特的生物学效应，这些效应可能不完全遵循传统的剂量-反应模式。因此，需要开发和应用新的毒理学方法和模型来准确描述这些关系。这可能涉及体外和体内实验的结合，以及先进的计算毒理学方法的应用。

10.4.2.4 风险表征

风险表征将前面几个步骤的结果整合，得出对风险的综合评估。对于新型给药系统，这个过程需要特别注意不确定性的处理。由于许多新型给药系统的长期效应数据可能有限，因此在进行风险表征时，需要明确指出数据的局限性和假设条件。同时，还应该考虑不同人群（如儿童、老年人、孕妇等）可能存在的特殊敏感性。风险表征的结果应该以清晰、易懂的方式呈现，以便决策者和其他利益相关者理解和使用。

10.4.3 特殊考虑因素

10.4.3.1 纳米材料的特殊性

在评估涉及纳米材料的新型给药系统时，需要特别考虑纳米尺度带来的独特挑战。纳米材料可能表现出与其他大块材料显著不同的物理化学性质和生物学行为。例如，它们可能具有更强的细胞渗透能力、更高的反应性，或者在体内的分布和清除模式可能与常规药物不同。这些特性可能导致意料之外的毒性效应或环境影响。因此，在进行风险评估时，需要采用专门针对纳米材料的测试方法和评估标准，并密切关注国际上在这一领域的研究进展和监管动向。

10.4.3.2 生物降解性和环境归趋

许多新型给药系统采用了生物降解性材料，这些材料在体内或环境中可以逐渐分解。评估这类系统的 EHS 风险时，需要考虑材料本身及其降解产物的安全性。这包括研究材料在不同条件下的降解速率、降解产物的性质，以及这些产物在环境中的归趋和可能的生态影响。对于一些新型的生物材料，可能还需要评估其对生态系统的长期影响，包括是否会引起微生物群落的变化或对某些物种产生意外的影响。

10.4.3.3 复合系统的相互作用

很多新型给药系统是复合系统，可能包含多种功能组分，如药物、载体材料、靶向配体等。在评估这类系统的风险时，不仅需要考虑各个组分的单独影响，还要评估它们之间可能存在的相互作用。这些相互作用可能改变单个组分的毒理学特性或环境行为。因此，风险评估应该采用整体的方法，考虑系统作为一个整体的性质和影响，而不仅仅是各个组分的简单叠加。

10.4.4 评估方法的创新

10.4.4.1 体外替代方法的应用

为了减少动物实验并提高评估效率，新型给药系统的 EHS 风险评估越来越多地采用先进的体外方法。这包括使用三维细胞培养模型、器官芯片技术等来模拟药物在人体内的行为。这些方法不仅可以提供更接近人体生理条件的数据，还可以帮助研究人员更好地理解新型给药系统与生物系统的相互作用机制。然而，在使用这些替代方法时，需要谨慎评估其预测能力，并在可能的情况下与有限的体内数据进行验证。

10.4.4.2 计算毒理学和人工智能的运用

随着计算能力的提升和人工智能技术的发展，计算毒理学在新型给药系统的风险评估中发挥着越来越重要的作用。通过构建复杂的数学模型和利用机器学习算法，可以预测新型给药系统的毒性效应、环境归趋和长期影响。这些方法特别适用于处理大量数据和复杂的生物学过程。然而，计算方法的可靠性很大程度上依赖于输入数据的质量和模型的合理性，因此在应用这些方法时需要持续的验证和完善。

10.4.5 监管考虑和未来展望

新型给药系统的快速发展对现有的监管框架提出了挑战。许多国家和地区正在努力制定适应这些创新技术的新规则和指南。在进行 EHS 风险评估时，需要密切关注相关法规的变化，并积极参与到标准制定的过程中。未来，随着对新型给药系统了解的不断深入，风险评估方法也将继续演进。这可能包括开发更精确的预测模型、建立专门的数据库以及制定更加个性化的风险评估策略。同时，跨学科合作和国际协作将在推动这一领域发展中发挥关键作用。

总的来说，新型给药系统的 EHS 风险评估是一个复杂而动态的过程，需要综合考虑材料科学、毒理学、环境科学等多个领域的知识。通过不断完善评估方法，我们可以更好地平衡创新与安全，为患者提供更安全、更有效的治疗选择，同时最大限度地减少对环境的潜在影响。

10.5 总结

本章系统阐述了特殊药物的 EHS 管理策略，深入探讨了高活性药物控制、基因治疗和细胞治疗安全、放射性药物管理和新型给药系统评估等重要内容，为读者提供了全面的特殊药物管理解决方案。

本章的框架如图 10-1 所示。

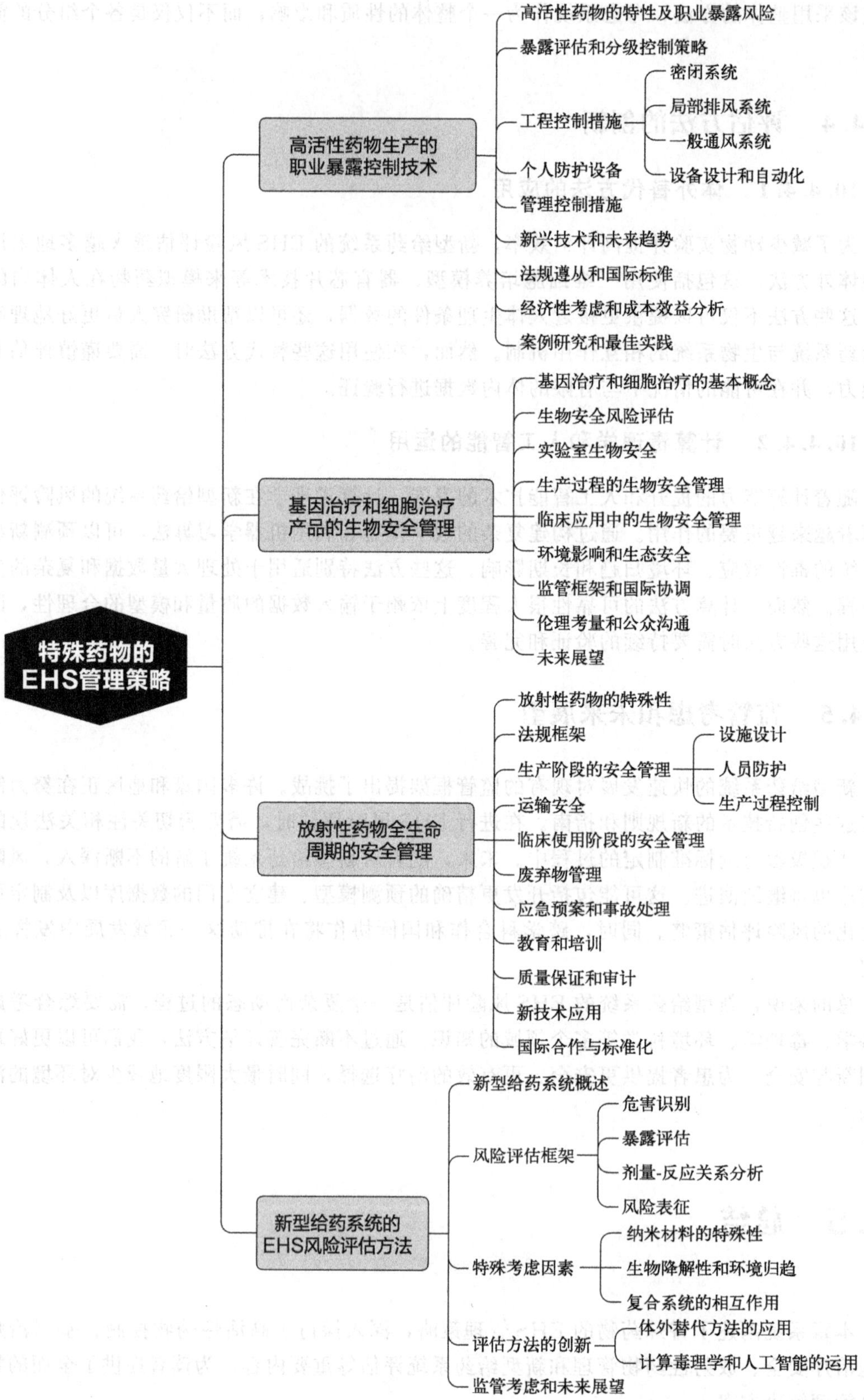

图 10-1 第 10 章内容框架

关键词

特殊药物、EHS 管理、高活性药物、基因治疗、放射性药物、给药系统、暴露控制、生物安全、风险评估、安全管理。

关键启示

1. 特殊药物管理需要创新思维。
2. 全过程控制是安全保障的基础。
3. 系统评估是风险防控的核心。

思考与展望

1. 如何应对新型特殊药物的安全挑战？
2. 管理体系如何适应技术创新需求？
3. 风险评估方法的优化方向在哪里？

建议深入学习

1. 研究国际先进管理经验。
2. 关注技术创新与应用。
3. 探索管理模式创新。

第四部分 EHS管理创新与实践研究

数字化转型为制药行业 EHS 管理带来了前所未有的机遇与挑战。本部分重点探索物联网、大数据、虚拟现实（VR）等技术在 EHS 管理中的应用创新，旨在帮助读者理解如何通过技术手段实现 EHS 的实时监测、决策支持与培训提升。同时，通过案例分析，读者将掌握 EHS 创新项目的实际应用方法和最佳实践，为未来的数字化 EHS 管理奠定基础。

第11章

数字化转型与EHS管理创新

数字化转型正在深刻改变制药行业的EHS管理模式。本章将系统探讨物联网、大数据、VR/AR和区块链等新兴技术在EHS管理中的创新应用，为制药企业数字化转型提供实践指导。

在工业4.0时代，传统的EHS管理方式已难以适应数字化转型需求。如何利用新技术提升管理效能，如何实现智能化监测与决策，如何创新培训方式，已成为行业发展的重要课题。

本章将引导读者：

√ 掌握物联网监测应用方法。

√ 了解大数据决策支持技术。

√ 把握VR/AR培训创新模式。

√ 探索区块链管理潜力。

通过本章学习，读者将建立数字化EHS管理的创新思维，为企业转型升级提供技术支持。

11.1 物联网技术在EHS实时监测中的应用

制药行业EHS管理一直是企业关注的重点领域。随着物联网（IoT）技术的快速发展，制药企业正在积极探索将其应用于EHS管理的各个环节，以提高监测精度、增强响应能力、优化决策支持。本节将深入探讨物联网技术在EHS实时监测中的创新应用，并分析其在提升制药企业EHS管理水平方面的价值。

11.1.1 物联网技术在EHS监测中的优势

11.1.1.1 实时数据采集与传输

物联网技术能够部署大量传感设备，实时采集各类EHS相关数据，如环境参数、设备运行状态、人员位置等。这些数据通过无线网络实时传输到中央控制系统，大幅提高了监测的时效性和连续性。

11.1.1.2 智能分析与预警

物联网平台可以对采集的海量数据进行智能分析，识别异常情况，并自动触发预警机制。这不仅能够及时发现潜在的EHS隐患，还可以为管理人员提供决策支持，提高事故预防能力。

11.1.1.3 远程监控与控制

物联网技术使得EHS监测和管理不再局限于现场，管理人员可以通过移动设备远程访问监测数据，并对设备进行实时调控。这种远程管理模式提高了工作效率，降低了人员风险。

11.1.1.4 数据共享与协同

物联网平台可以实现跨部门、跨系统的EHS数据共享，促进不同功能部门的协同配合。这有助于建立全面、动态的EHS管理体系，提升整体管理水平。

11.1.2 物联网在制药EHS监测中的应用场景

11.1.2.1 环境参数实时监测

部署物联网传感器，实时监测厂区内的温度、湿度、噪声、空气质量等环境参数，及时发现异常情况，采取相应的环境保护措施。

11.1.2.2 设备运行状态监控

将物联网技术应用于生产设备、实验仪器等，实时监测设备的运行状态、故障预兆，预防设备故障引发的安全事故。

11.1.2.3 人员定位与安全管理

利用物联网定位技术，实时跟踪员工在厂区内的位置，监测危险作业区域的人员进出情况，提高作业安全性。同时，可以通过可穿戴设备监测员工的生理指标，及时发现异常情况。

11.1.2.4 应急响应与事故分析

在发生事故时，物联网系统可以迅速调取相关监测数据，为事故调查和应急响应提供依据。同时，基于历史数据的分析，可以识别事故的潜在原因，制定针对性的预防措施。

11.1.3 物联网在EHS监测中的实施路径

11.1.3.1 制定物联网EHS监测规划

结合企业EHS管理现状和发展目标，制定全面的物联网EHS监测规划。确定监测重点领域、关键指标、技术路线，并编制实施计划和投资预算。

11.1.3.2　构建物联网基础设施

部署各类物联网传感设备，建立覆盖厂区的无线通信网络。同时，搭建数据采集、传输、存储和分析的物联网平台，确保数据的实时性、可靠性和安全性。

11.1.3.3　整合现有 EHS 管理系统

将物联网监测系统与现有的 EHS 管理信息系统进行深度融合，实现数据共享和业务协同。通过系统集成，提升 EHS 管理的整体效率和决策支持能力。

11.1.3.4　培养物联网应用能力

加强员工对物联网技术的认知和应用能力培训，确保监测系统的有效运行和持续优化。同时，建立专业的物联网运维团队，保障系统的稳定性和可靠性。

11.1.4　案例分析

11.1.4.1　项目背景

某跨国制药企业面临着日益严格的 EHS 法规要求和日益复杂的生产环境，亟须提升 EHS 管理的精细化水平。该企业决定引入物联网技术，构建全面的 EHS 实时监测系统。

11.1.4.2　系统架构与功能

该企业在厂区内部署了涵盖环境、设备、人员等多个领域的物联网传感设备。这些设备通过无线网络将数据实时传输至中央控制平台，平台则提供数据分析、预警、远程控制等功能。

11.1.4.3　实施效果

该物联网 EHS 监测系统的应用，使企业在环境合规、设备故障预防、人员安全管理等方面取得了显著成效。环境监测数据的实时性和准确性大幅提升，设备故障率下降 30%，员工安全事故率降低 25%。同时，EHS 管理的整体效率和决策支持能力也得到了明显改善。

11.1.4.4　经验总结

该案例充分展示了物联网技术在制药企业 EHS 管理中的巨大价值。企业需要制定全面的物联网 EHS 监测规划，构建稳定可靠的技术基础设施，并与现有管理系统深度融合。同时，加强员工培训和专业团队建设，确保系统的有效运行和持续优化，最终实现 EHS 管理水平的全面提升。

11.2 大数据分析在EHS决策支持中的应用

制药行业EHS管理涉及众多复杂因素，需要企业做出各种关键决策。随着信息技术的发展，制药企业正在积极探索利用大数据分析技术来支持EHS决策，以提高决策的科学性和有效性。本节将深入探讨大数据分析在EHS决策支持中的创新应用，并分析其在提升制药企业EHS管理水平方面的价值。

11.2.1 大数据分析在EHS决策支持中的优势

11.2.1.1 全面数据整合

大数据分析能够整合来自各种渠道的EHS相关数据，包括生产设备监测数据、环境监测数据、员工健康档案、事故报告等。这种全面的数据整合为决策提供了更加丰富和准确的信息基础。

11.2.1.2 复杂问题建模

大数据分析技术可以应用复杂的统计模型和机器学习算法，对EHS管理中的各种复杂问题进行深入分析。这有助于识别隐藏的关联规律，预测潜在风险，为决策提供更加科学的依据。

11.2.1.3 实时响应与预测

大数据分析平台能够实时监测EHS关键指标，并基于历史数据预测未来趋势。这种实时分析和预测功能，使企业能够及时发现问题，并采取预防性措施，提高EHS管理的敏捷性。

11.2.1.4 决策优化与仿真

大数据分析可以模拟不同决策方案的结果，并对其进行优化比较，帮助管理者做出更加科学合理的EHS决策。这种决策支持功能有助于降低决策风险，提高决策质量。

11.2.2 大数据分析在制药EHS决策支持中的应用场景

11.2.2.1 环境合规管理

利用大数据分析技术，制药企业可以实时监测各类环境指标，预测潜在的合规风险，并模拟不同应对方案，为环境合规管理提供决策支持。

11.2.2.2 安全生产管理

基于生产设备运行数据、员工行为数据等，大数据分析可以识别安全隐患，预测事故发生概率，为制定针对性的安全管理措施提供依据。

11.2.2.3　职业健康管理

大数据分析可以整合员工健康档案、工作环境监测数据等，发现职业病高发规律，预测员工健康风险，为职业健康管理提供科学依据。

11.2.2.4　应急预案优化

利用大数据分析技术，制药企业可以模拟各类 EHS 事故情况，优化应急预案，提高应急响应的准确性和有效性。

11.2.3　大数据分析在 EHS 决策支持中的实施路径

11.2.3.1　构建 EHS 大数据平台

整合来自各类 EHS 管理系统的数据资源，建立统一的 EHS 大数据平台。该平台应具备数据采集、存储、处理和分析的能力，为后续的决策支持提供基础。

11.2.3.2　开发决策支持应用

基于 EHS 大数据平台，开发针对性的决策支持应用程序。这些应用可以涵盖环境合规分析、安全生产预测、职业健康管理等功能，为管理者提供可视化的决策支持。

11.2.3.3　培养大数据分析人才

加强对 EHS 管理人员的大数据分析培训，提升他们利用大数据支持决策的能力。同时，建立专业的大数据分析团队，负责平台运维、模型开发和应用优化等工作。

11.2.3.4　完善数据治理机制

制定严格的 EHS 数据收集、存储、使用和共享的管理制度，确保数据的准确性、完整性和安全性。同时，建立数据质量监控和持续改进机制，提高数据分析的可靠性。

11.2.4　案例分析

11.2.4.1　项目背景

某跨国制药企业面临着日益严格的 EHS 法规要求和日益复杂的生产环境，急需提升 EHS 管理的科学性和前瞻性。该企业决定利用大数据分析技术，为 EHS 决策提供更加有力的支持。

11.2.4.2　系统架构与功能

该企业构建了覆盖生产、环境、健康等领域的 EHS 大数据平台。基于该平台，企业开发了一系列决策支持应用，如环境合规预测、安全生产风险预警、职业病预防等。这些应用能够为管理者提供可视化的分析结果和优化建议。

11.2.4.3 实施效果

该大数据分析系统的应用，使企业在EHS管理方面取得了显著成效。环境合规风险下降30%，安全事故发生率降低25%，职业病发生率降低15%。同时，EHS决策的科学性和有效性也得到了大幅提升。

11.2.4.4 经验总结

该案例充分展示了大数据分析在制药企业EHS决策支持中的巨大价值。企业需要系统地构建EHS大数据平台，开发针对性的决策支持应用，并培养专业的大数据分析团队。同时，完善数据治理机制，确保数据质量，最终实现EHS管理水平的全面提升。

11.3 虚拟现实和增强现实在EHS培训中的创新应用

制药行业EHS培训一直是企业提升员工安全意识和操作技能的重要手段。随着虚拟现实（VR）和增强现实（AR）技术的快速发展，制药企业正在积极探索将其应用于EHS培训，以提高培训的沉浸感和实践性。本节将深入探讨VR和AR技术在EHS培训中的创新应用，并分析其在提升制药企业EHS管理水平方面的价值。

11.3.1 VR和AR在EHS培训中的优势

11.3.1.1 沉浸式体验

VR技术能够创造出逼真的虚拟环境，让学员身临其境地体验各种EHS情景，如危险作业、应急处置等。这种沉浸式体验有助于提高学员的参与度和记忆效果。

11.3.1.2 安全实践

VR和AR技术可以模拟一些无法在实际环境中进行的危险操作，如化学品泄漏、设备故障等。学员可以在虚拟环境中安全地进行实践训练，培养应急响应能力，而不会对真实环境造成任何伤害。

11.3.1.3 个性化培训

VR和AR培训系统可以根据学员的特点和需求，提供个性化的培训内容和反馈。这有助于提高培训的针对性和效果，满足不同岗位和水平的员工需求。

11.3.1.4 培训记录与分析

VR和AR培训系统能够记录学员的操作过程和表现数据，为培训效果评估提供依据。管理者可以基于这些数据进行分析，优化培训方案，提高培训质量。

11.3.2　VR 和 AR 在制药 EHS 培训中的应用场景

11.3.2.1　危险作业培训

利用 VR 技术，制药企业可以模拟高空作业、化学品操作等危险作业场景，让员工在虚拟环境中进行安全实践，培养应急处置能力。

11.3.2.2　设备操作培训

结合 AR 技术，制药企业可以为员工提供设备维修、调试等操作培训，在虚拟模型上进行实践，提高操作技能，减少设备故障风险。

11.3.2.3　应急预案演练

VR 技术可以模拟各类 EHS 事故情况，让员工在虚拟环境中进行应急预案演练，检验预案的可行性，提高应急响应能力。

11.3.2.4　安全行为培养

结合 VR 和 AR 技术，制药企业可以创造出各种安全隐患场景，引导员工识别并采取正确的安全行为，养成良好的安全习惯。

11.3.3　VR 和 AR 在 EHS 培训中的实施路径

11.3.3.1　明确培训需求

结合企业 EHS 管理现状和员工培训需求，确定 VR 和 AR 技术在 EHS 培训中的应用重点和目标。

11.3.3.2　开发培训内容

根据培训需求，制作高质量的 VR 和 AR 培训内容，包括虚拟场景、交互流程、评估机制等。确保培训内容的真实性、安全性和针对性。

11.3.3.3　部署培训系统

选择合适的 VR 和 AR 硬件设备如头显设备、手柄等，并搭建支持 VR/AR 培训的软件系统，确保系统的稳定性和可扩展性。

11.3.3.4　开展培训实践

组织员工参与 VR 和 AR 培训，收集培训反馈，持续优化培训内容和方法。同时，培养专业的 VR/AR 培训师资，确保培训质量。

11.3.3.5　评估培训效果

建立 VR 和 AR 培训效果评估机制，包括培训参与度、技能提升、安全行为改变等指标。根据评估结果，不断完善培训方案。

11.3.4 案例分析

11.3.4.1 项目背景

某跨国制药企业面临着日益严峻的EHS培训挑战，急需提升员工的安全意识和操作技能。该企业决定引入VR和AR技术，为EHS培训注入新的活力。

11.3.4.2 系统架构与功能

该企业开发了一套基于VR和AR的EHS培训系统。该系统包括多个虚拟培训场景，如化学品泄漏应急、设备维修操作等，学员可以在沉浸式环境中进行安全实践。同时，系统还具备培训记录和分析功能，为培训效果评估提供依据。

11.3.4.3 实施效果

该VR/AR EHS培训系统的应用，使企业在提高员工安全意识和操作技能方面取得了显著成效。员工参与培训的积极性大幅提高，培训合格率提升30%。同时，安全事故发生率下降了20%。

11.3.4.4 经验总结

该案例充分展示了VR和AR技术在制药企业EHS培训中的巨大价值。企业需要明确培训需求，开发高质量的VR/AR培训内容，部署稳定的培训系统，并持续优化培训方案。同时，培养专业的VR/AR培训师资，确保培训质量，最终实现EHS管理水平的全面提升。

11.4 区块链技术在EHS供应链管理中的潜力

制药行业EHS供应链管理一直是企业面临的重要挑战。随着区块链技术的快速发展，制药企业正在积极探索将其应用于EHS供应链管理，以提高供应链的透明度和可追溯性。本节将深入探讨区块链技术在EHS供应链管理中的创新应用，并分析其在提升制药企业EHS管理水平方面的价值。

11.4.1 区块链技术在EHS供应链管理中的优势

11.4.1.1 数据透明性

区块链技术采用分布式账本，所有参与方都可以实时查看和验证供应链各环节的数据，提高了数据的透明度和可信度。这有助于增强EHS监管和风险管控。

11.4.1.2 可追溯性

区块链技术能够记录供应链各环节的数据，形成不可篡改的数字足迹。这种可追溯性有助于快速定位 EHS 问题的源头，提高事故应对的效率。

11.4.1.3　协作效率

区块链技术支持多方参与者的协作，简化了 EHS 信息共享和业务流程。这有助于提高供应链各方的协作效率，降低 EHS 管理成本。

11.4.1.4　合规性

区块链技术可以自动执行智能合约，确保供应链各方遵守 EHS 法规和标准。这有助于提高供应链的合规性，降低监管风险。

11.4.2　区块链在制药 EHS 供应链管理中的应用场景

11.4.2.1　原料溯源

利用区块链技术，制药企业可以实现对原料供应商、运输过程、仓储条件等全链条的数字化追踪，确保原料的 EHS 合规性。

11.4.2.2　生产过程监控

区块链技术可以记录生产过程中的各项 EHS 数据，如设备运行状态、排放指标等，为 EHS 监管提供可靠依据。

11.4.2.3　产品召回管理

一旦发生 EHS 事故，区块链技术可以快速定位问题产品的流向，并自动触发召回流程，提高事故响应的效率。

11.4.2.4　供应商管理

制药企业可以利用区块链技术评估供应商的 EHS 绩效，并将其纳入供应商准入和绩效考核体系，提高供应链的 EHS 管控水平。

11.4.3　区块链在 EHS 供应链管理中的实施路径

11.4.3.1　明确应用需求

结合企业 EHS 供应链管理现状和难点，确定区块链技术在 EHS 供应链管理中的应用重点和目标。

11.4.3.2　构建区块链网络

邀请供应链各方参与，共同搭建基于区块链的 EHS 供应链管理网络。确保网络的安全性、可扩展性和互操作性。

11.4.3.3　整合 EHS 数据

将来自各环节的 EHS 数据接入区块链网络，确保数据的完整性和一致性。同时，制定数据共享和隐私保护的管理机制。

11.4.3.4 开发应用程序

基于区块链网络，开发针对性的EHS供应链管理应用程序，如原料溯源、生产过程监控、产品召回等。确保应用程序的可用性和易用性。

11.4.3.5 推广应用实践

组织供应链各方参与区块链EHS管理应用的试点实践，收集反馈，持续优化应用功能。同时，加强对相关人员的培训，提高应用的普及度。

11.4.4 案例分析

11.4.4.1 项目背景

某跨国制药企业面临着EHS供应链管理的诸多挑战，如原料质量问题、生产过程监控缺失、产品召回效率低下等。该企业决定引入区块链技术，提升EHS供应链管理的能力。

11.4.4.2 系统架构与功能

该企业联合供应链各方共同搭建了基于区块链的EHS供应链管理平台。该平台实现了原料溯源、生产过程监控、产品召回等功能，为各方提供可靠的EHS数据和协作支持。

11.4.4.3 实施效果

该区块链EHS供应链管理平台的应用，使企业在EHS风险管控方面取得了显著成效。原料质量合格率提高20%，生产过程EHS事故发生率下降30%，产品召回效率提升50%。同时，供应链各方的协作也得到了大幅改善。

11.4.4.4 经验总结

该案例充分展示了区块链技术在制药企业EHS供应链管理中的巨大价值。企业需要明确应用需求，构建区块链网络，整合EHS数据，开发应用程序，并推广应用实践。同时，加强供应链各方的参与和协作，最终实现EHS管理水平的全面提升。

11.5 总结

本章系统阐述了数字化技术在EHS管理中的创新应用，深入探讨了物联网监测、大数据分析、VR/AR培训和区块链管理等重要内容，为读者提供了全面的数字化转型解决方案。

本章的框架如图11-1所示。

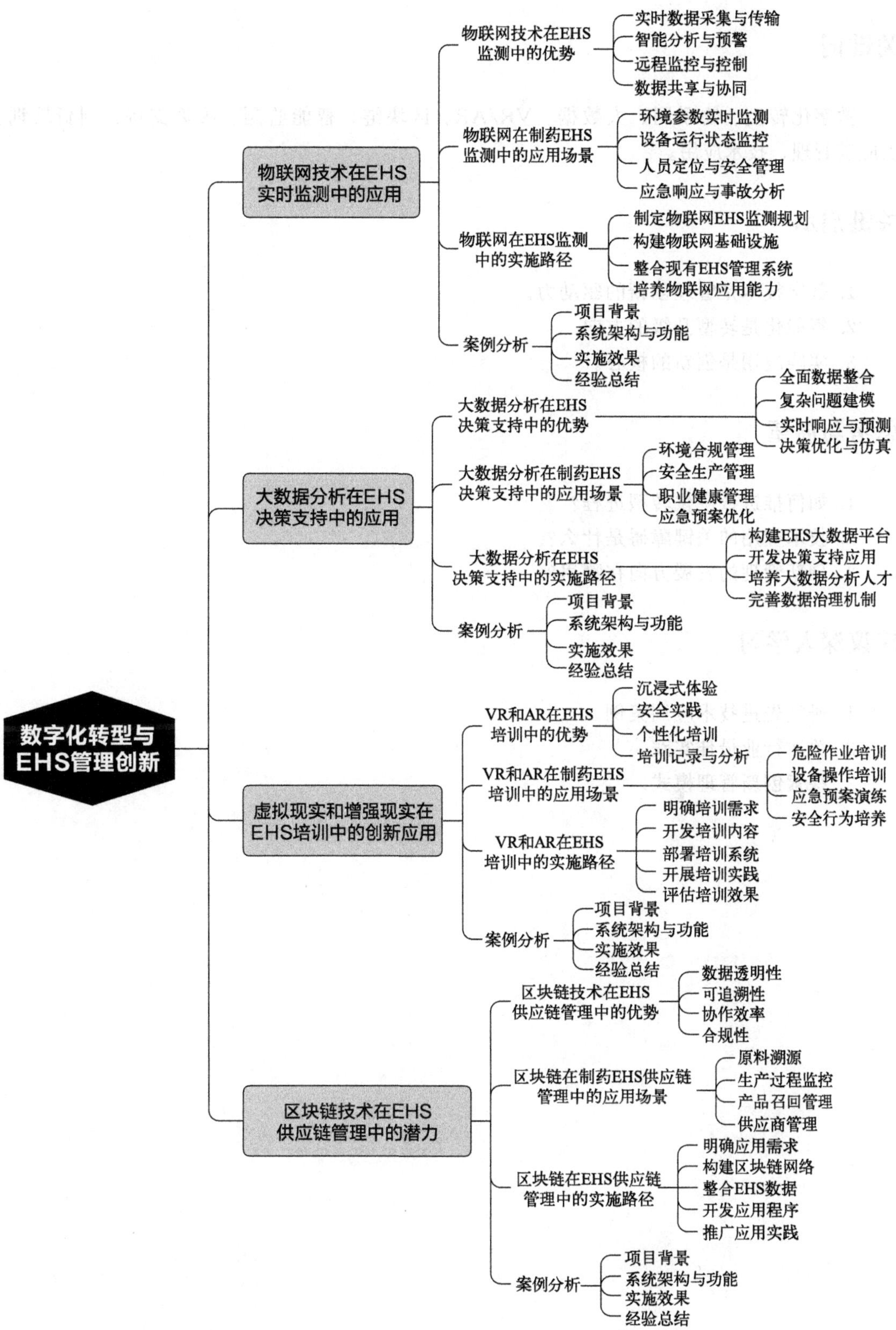

图 11-1　第 11 章内容框架

关键词

数字化转型、物联网、大数据、VR/AR、区块链、智能监测、决策支持、创新培训、供应链管理、技术应用。

关键启示

1. 数字技术是管理创新的驱动力。
2. 智能化是转型升级的方向。
3. 实践应用是创新的核心。

思考与展望

1. 如何推进数字化转型进程？
2. 技术应用的关键障碍是什么？
3. 创新管理的发展方向在哪里？

建议深入学习

1. 研究先进技术应用案例。
2. 关注行业最佳实践。
3. 探索创新管理模式。

第 12 章

EHS绩效评估与持续改进

EHS 绩效评估与持续改进是制药企业实现可持续发展的关键环节。本章将系统探讨关键绩效指标体系构建、审计创新、成熟度模型开发与应用以及报告框架设计等重要内容，为制药企业建立科学的评估体系提供专业指导。

在追求卓越运营的背景下，如何构建科学的评估体系，如何实现持续改进，如何满足利益相关方需求，已成为制药企业 EHS 管理的重要议题。

本章将引导读者：

✓ 掌握 KPI 体系构建方法。

✓ 了解审计创新实践。

✓ 把握成熟度模型应用。

✓ 探索报告框架设计。

通过本章学习，读者将建立 EHS 绩效评估的系统思维，为企业持续改进提供专业支持。

12.1 制药行业 EHS 关键绩效指标体系构建

在制药行业中，建立一个全面而有效的 EHS 关键绩效指标（KPI）体系对于评估和改进 EHS 管理至关重要。本节将探讨如何构建适合制药行业特点的 EHS KPI 体系。

12.1.1 制药行业 EHS KPI 的重要性

EHS KPI 在制药行业中具有多方面的重要作用。首先，它们提供了一种客观、可量化的方法来评估 EHS 表现，使管理层能够清晰地了解企业在环境保护、职业健康和安全管理方面的实际情况。通过长期跟踪这些指标，企业可以识别 EHS 表现的趋势和模式，为制定改进策略提供依据。

其次，EHS KPI 为制定具体的 EHS 改进目标提供了基础。管理层可以根据这些指标设定明确的短期和长期目标，推动整个组织朝着更高水平的 EHS 表现迈进。在日常运营中，这些 KPI 还为 EHS 相关决策提供了数据支持，帮助管理层做出更加明智和有效的决策。

在合规管理方面，EHS KPI 扮演着重要的监控角色。通过跟踪与法规要求相关的指标，企业可以及时发现潜在的合规问题，采取预防措施，避免违规风险。最后，这些 KPI 还为企业与外部利益相关方沟通 EHS 表现提供了可靠的依据，有助于提升企业的透明度和社会责任形象。

12.1.2 制药行业 EHS KPI 体系的特点

制药行业的 EHS KPI 体系应具备以下几个关键特点。首先是全面性，体系应涵盖环境、健康、安全的各个方面，反映制药企业 EHS 管理的整体状况。其次是相关性，选择的指标应与制药行业的特殊风险和挑战（如化学品管理、生物安全、药品研发过程中的 EHS 问题等）密切相关。

可测量性是另一个重要特点。选定的指标应易于量化和测量，确保数据收集的可行性和准确性。同时，指标应具有可比性，允许企业与行业标准或其他公司进行横向比较，从而了解自身在行业中的位置。

时效性也是不可忽视的特点。KPI 应能够及时反映 EHS 表现的变化，使管理层能够快速识别问题并采取行动。最后，一个良好的 KPI 体系应该是平衡的，既包括反映过去表现的滞后指标（如事故率），也包括预示未来表现的领先指标（如安全观察报告数量）。

12.1.3 制药行业 EHS KPI 体系框架

一个全面的 EHS KPI 体系应包括多个主要类别。在环境方面，关键指标可能包括能源使用效率、水资源消耗情况、废弃物产生和处理情况、温室气体排放量以及有害物质管理效果等。这些指标反映了制药企业在资源利用和环境保护方面的表现。

健康指标可能涉及职业病发生率、健康检查覆盖率、工作场所有害因素暴露水平以及员工健康促进项目的参与度等。这些指标帮助企业评估其在保护和促进员工健康方面的努力。

安全指标通常包括工伤事故率（如可记录事故率、损失工时事故率）、近似事故报告数量、安全培训时长以及工艺安全事件数等。这些指标反映了企业在预防事故和保障员工安全方面的表现。

合规指标可能包括法规符合率、EHS 相关罚款或处罚次数、EHS 审计发现项整改率等。这些指标帮助企业评估其遵守法律法规的情况。

管理体系指标可能包括 EHS 管理体系认证状态、EHS 目标完成率、EHS 改进项目数量等。这些指标反映了企业 EHS 管理体系的健全程度和持续改进能力。

12.1.4 KPI 选择和定义的方法

在构建 KPI 体系时，企业可以采用一系列系统化的步骤。首先，应基于全面的风险评估结果，识别需要重点关注的关键风险和机遇领域。这确保了选择的 KPI 能够针对企业最重要的 EHS 问题。

接下来，根据公司整体战略和 EHS 政策，设定明确的 EHS 目标。这些目标将指导 KPI 的选择，确保选定的指标能够反映企业的战略方向。在选择具体指标时，可以参考行业标准（如全球报告倡议组织指南）和同行最佳实践，同时考虑企业自身的特点和需求。

对于每个选定的指标，都需要明确其定义、计算方法、数据来源和报告频率。这确保了数据收集和报告的一致性和可靠性。同时，基于历史数据或行业标准，为每个 KPI 设定基准和目标值，为未来的改进提供明确的方向。

实施阶段需要建立健全的数据收集和报告机制，确保 KPI 数据的及时性和准确性。定期监控 KPI 表现，分析趋势，并根据分析结果采取相应的改进措施。

最后，重要的是要定期审查 KPI 的相关性和有效性。随着企业战略的调整、外部环境的变化或新风险的出现，可能需要调整或更新 KPI 体系。这种定期的审查和改进确保了 KPI 体系能够持续反映企业的 EHS 重点和挑战。

12.1.5　案例研究

某跨国制药公司通过系统化的方法构建了其 EHS KPI 体系。首先，公司进行了全面的风险评估，确定了能源使用、有害废物管理和职业暴露为关键风险领域。基于这一评估，公司设定了到 2025 年减少 30%碳排放、实现零工伤事故的长期目标。

为了支持这些目标，公司选择了 20 个核心 KPI，包括能源强度、可再生能源使用比例、有害废物回收率、工伤事故率等。每个 KPI 都有明确的定义和计算方法，并设定了年度目标值。

公司建立了月度 KPI 报告机制，要求各个部门和生产基地定期上报数据。同时，将这些 KPI 纳入管理层的绩效考核，以确保全公司范围内的重视和执行。

通过这个 KPI 体系，该公司在三年内取得了显著成效：能源强度降低了 15%，有害废物回收率提高到 85%，工伤事故率降低了 40%。公司每年都会审查 KPI 体系，根据业务变化和新出现的风险进行调整，确保 KPI 体系的持续相关性和有效性。

12.2 EHS 审计创新方法与实践

EHS 审计是评估制药企业 EHS 管理体系有效性的重要工具。随着技术进步和管理理念的演变，EHS 审计方法也在不断创新。本节将探讨制药行业 EHS 审计的创新方法和最佳实践。

12.2.1　EHS 审计的演变

EHS 审计的概念最初源于 20 世纪 70 年代，主要关注合规性检查。随着时间推移，EHS 审计的范围和方法不断扩展和深化。如今，EHS 审计不仅关注合规性，还包括管理体系的有效性、风险管理的充分性以及持续改进的能力。在制药行业，EHS 审计还需要特别关注良好生产规范（GMP）要求与 EHS 管理的融合。

12.2.2 创新审计方法

12.2.2.1 基于风险的审计方法

基于风险的审计方法是近年来EHS审计的一个重要创新。这种方法根据不同区域、部门或流程的风险水平来分配审计资源。高风险领域会得到更多关注和更频繁的审计，低风险领域则可能降低审计频率。这种方法能够提高审计效率，更好地利用有限的审计资源。

12.2.2.2 整合审计

整合审计是将EHS审计与其他类型的审计（如质量审计、供应链审计）结合起来的方法。在制药行业，这种方法特别有价值，因为它可以帮助企业全面评估GMP、EHS和质量管理体系的整体表现。整合审计不仅可以减少重复工作，还能提供更全面的组织绩效视图。

12.2.2.3 远程审计技术

随着信息技术的发展，远程审计正成为一种重要的补充方法。通过视频会议、实时数据传输和虚拟现场检查等技术，审计员可以在不亲自到场的情况下进行有效的审计。这种方法得到了广泛应用，并有望在未来继续发挥重要作用。

12.2.2.4 持续审计

持续审计是一种新兴的审计方法，它利用自动化工具和数据分析技术持续监控EHS绩效指标。这种方法可以及时发现问题，提供实时反馈，从而使组织能够更快地采取纠正措施。在制药行业，持续审计可以用于监控关键EHS参数，如废水排放质量、空气排放水平等。

12.2.3 审计实践创新

12.2.3.1 审计准备阶段的创新

创新的审计准备包括使用数据分析工具预先识别潜在问题区域。审计员可以在现场审计前分析历史数据、事故报告和关键绩效指标，从而更有针对性地设计审计计划。此外，使用在线问卷和自我评估工具可以帮助被审计方更好地准备审计。

12.2.3.2 现场审计阶段的创新

现场审计阶段的创新包括使用移动设备和应用程序进行实时数据收集和分析。例如，审计员可以使用平板电脑记录发现，并即时生成初步报告。增强现实（AR）技术也开始在审计中应用，可以帮助审计员更直观地了解复杂的工艺流程和潜在风险点。

12.2.3.3 报告和跟进阶段的创新

在报告和跟进阶段，创新实践包括使用可视化工具展示审计结果，如热图、趋势图等。这些工具可以帮助管理层更直观地理解审计发现。此外，使用在线平台进行审计发现的跟踪和整改管理，可以提高整改效率并促进各方的实时沟通。

12.2.4　制药行业 EHS 审计最佳实践

制药行业 EHS 审计的最佳实践包括建立跨职能审计团队，确保审计员具备制药工艺知识和 EHS 专业知识。审计应关注关键 EHS 风险领域，如化学品管理、生物安全、废弃物处理等。同时，审计还应评估 EHS 管理与 GMP 要求的整合程度。

此外，建立有效的审计发现分类系统，区分严重性和紧迫性，有助于优化整改资源分配。定期进行审计趋势分析，识别系统性问题，对于持续改进 EHS 管理体系至关重要。

最后，将 EHS 审计结果与管理层绩效考核和奖惩机制挂钩，可以提高整个组织对 EHS 管理的重视程度。同时，建立审计最佳实践分享机制，可以促进组织内部的学习和改进。

12.3　EHS 成熟度模型的开发与应用

在制药行业不断发展的背景下，EHS 管理的重要性日益凸显。为了系统性地评估和提升 EHS 管理水平，许多制药企业开始采用 EHS 成熟度模型。这种模型不仅为企业提供了一个客观评估自身 EHS 管理状况的工具，还为持续改进提供了清晰的路径。本节将深入探讨 EHS 成熟度模型的概念、开发过程、应用方法以及在制药行业中的特点和具体实践。通过全面了解这一重要工具，制药企业可以更好地规划和实施 EHS 管理策略，从而在保障员工安全、保护环境的同时，提高运营效率和竞争力。

12.3.1　EHS 成熟度模型的概念与意义

12.3.1.1　成熟度模型的起源

EHS 成熟度模型源于软件工程领域的能力成熟度模型（CMM）。这种模型为评估组织在特定领域的能力和表现水平提供了一个系统化的框架。在 EHS 管理领域，成熟度模型通过定义不同的成熟度级别，从基础合规到行业领先，为组织提供了一个清晰的发展路径。

12.3.1.2　在制药行业中的重要性

在制药行业，EHS 成熟度模型具有多方面的重要意义。首先，它为企业提供了一个明确的 EHS 管理发展蓝图，指明了从初级到高级的进阶方向。其次，通过使用这个模型，企业可以客观评估自身的 EHS 管理水平，识别优势和不足。此外，成熟度模型为制定有针对性的改进计划提供了依据，使企业能够系统地提升 EHS 管理能力。最后，它为行业内不同企业之间的 EHS 管理水平比较提供了一个统一的标准，促进了行业整体水平的提升。

12.3.2　EHS 成熟度模型的开发过程

12.3.2.1　确定模型框架

开发适用于制药行业的 EHS 成熟度模型首先需要确定整体框架。这个框架应基于行业特点和EHS管理的关键领域。通常，模型会包括多个维度，如领导力、风险管理、操作控制、培训与能力建设等。每个维度都应反映制药行业EHS管理的核心要素。

12.3.2.2 定义成熟度级别

模型通常将成熟度分为4～5个级别。从初始级到优化级，每个级别都需要有明确的定义和特征描述。例如，初始级可能表示组织仅有基本的EHS管理措施，优化级则代表组织在EHS管理方面达到行业领先水平，并持续创新。

12.3.2.3 制定评估标准

为每个维度和成熟度级别制定具体的评估标准是模型开发的关键步骤。这些标准应该是可观察、可测量的，以确保评估的客观性和一致性。在制药行业，评估标准应特别关注生物安全、化学品管理、药品研发过程中的EHS问题等行业特有的风险和挑战。

12.3.2.4 设计评估工具和验证

开发评估问卷或检查表，用于收集评估所需的信息。这些工具需具备高易用性，同时能够全面捕捉EHS管理的各个方面。设计完成后，需要在小范围内进行试点，验证模型的有效性和实用性，并根据反馈进行必要的调整。

12.3.3 EHS成熟度模型的应用方法

12.3.3.1 准备和自我评估

应用EHS成熟度模型首先需要组建评估团队，确定评估范围，并收集相关文件和数据。随后，组织可以使用成熟度模型的评估工具进行初步的自我评估，这有助于识别明显的强项和弱项。

12.3.3.2 现场评估和分析

评估团队需要通过文件审查、现场观察和人员访谈等方式收集证据。基于收集的证据，对各个维度进行评分，确定整体成熟度级别。这个过程应该客观、严谨，以确保评估结果的准确性。

12.3.3.3 报告编制和改进计划

评估完成后，需要编写详细的评估报告，包括强项、弱项和改进建议。基于评估结果，制定针对性的改进计划，明确目标、责任人和时间表。这个计划应该切实可行，并与组织的整体战略相一致。

12.3.3.4 持续监控和再评估

实施改进计划后，需要定期监控计划的执行情况，并在适当的时候进行再评估。这种持续的循环过程确保了EHS管理水平的不断提升。

12.3.4　制药行业 EHS 成熟度模型的特点

12.3.4.1　行业针对性和全面性

制药行业的 EHS 成熟度模型应充分考虑行业的特殊风险和挑战。模型应涵盖 EHS 管理的各个方面，包括环境保护、职业健康、安全管理、应急响应、合规管理等。这种全面性确保了模型能够准确反映制药企业 EHS 管理的整体水平。

12.3.4.2　可扩展性和一致性

模型应能够适应不同规模和类型的制药企业，从小型研发公司到大型跨国制药集团。同时，模型应与行业相关的法规要求和国际标准（如 ISO 14001、ISO 45001 等）保持一致。这种一致性使得模型的应用更具实际意义。

12.3.4.3　持续改进导向

EHS 成熟度模型应强调持续改进的理念。即使是达到最高成熟度级别的组织，也应该有进一步改进的空间。这种导向鼓励企业不断创新，追求 EHS 管理的卓越表现。

12.3.5　案例研究

12.3.5.1　模型概述

某跨国制药公司开发了一个五级 EHS 成熟度模型，包括初始级、管理级、标准化级、预测级和卓越级。模型涵盖了 10 个关键维度，包括领导力与承诺、风险管理、操作控制、培训与能力建设、绩效测量与报告等。

12.3.5.2　评估过程

公司在全球范围内的 20 个生产基地和研发中心开展了成熟度评估。评估过程包括文件审查、现场观察、员工访谈等多种方法，确保了评估结果的全面性和准确性。

12.3.5.3　评估结果和改进计划

评估结果显示，大多数基地处于管理级或标准化级，只有少数达到预测级。基于这些结果，公司制定了一个为期三年的 EHS 提升计划，目标是使所有基地至少达到标准化级，并有 30%的基地达到预测级。

12.3.5.4　实施效果

通过实施这个计划，公司在两年内取得了显著成效：EHS 事故率降低了 40%，能源效率提高了 15%，员工 EHS 参与度显著提升。此外，有两个基地达到了卓越级，成为行业标杆。这些成果充分证明了 EHS 成熟度模型在推动组织 EHS 管理水平提升方面的有效性。

12.4 基于利益相关方分析的EHS报告框架设计

在当今的商业环境中，制药企业不仅需要关注其经济表现，还需要对EHS方面的表现负责。有效的EHS报告不仅能够满足合规要求，还能增强企业透明度，提升利益相关方的信任。本节将探讨如何基于利益相关方分析设计一个全面而有效的EHS报告框架，以满足不同利益相关方的需求和期望。

12.4.1 利益相关方分析的重要性

12.4.1.1 利益相关方的定义与分类

在EHS报告框架设计中，首先需要明确定义和识别关键利益相关方。利益相关方通常包括但不限于监管机构、投资者、员工、客户、供应商、社区和非政府组织（NGO）。每个群体对EHS信息的需求和关注点可能有所不同，因此需要进行细致的分类和分析。

12.4.1.2 利益相关方需求的多样性

不同利益相关方对EHS信息的需求存在显著差异。例如，监管机构可能更关注合规性数据，投资者可能更关注EHS风险管理和长期可持续发展战略，而社区可能更关注企业的环境影响和社会责任。了解这些多样化的需求是设计全面报告框架的基础。

12.4.1.3 利益相关方参与的价值

积极主动地与利益相关方沟通和互动可以帮助企业更准确地了解他们的期望和关切。这种参与不仅有助于改进报告内容，还能建立信任，增强企业的社会许可。通过定期的对话和反馈机制，企业可以不断优化其EHS报告框架。

12.4.2 EHS报告框架的核心要素

12.4.2.1 报告原则的确立

EHS报告框架应基于一系列核心原则，如透明性、准确性、完整性、可比性和及时性。这些原则确保报告的质量和可信度，同时为报告编制提供指导。在制药行业，还应特别强调数据的可靠性和科学性。

12.4.2.2 关键绩效指标的选择

选择适当的KPI是EHS报告框架的关键。这些指标应涵盖环境保护（如能源使用、废弃物管理、温室气体排放）、职业健康（如工伤率、职业病发生率）和安全管理（如事故频率、安全培训覆盖率）等方面。指标的选择应考虑行业特性、企业战略和利益相关方的关注点。

12.4.2.3　报告结构与内容组织

报告结构应清晰、有逻辑，便于不同利益相关方快速找到所需信息，通常包括执行摘要、公司 EHS 战略、管理方法、绩效数据、案例研究和未来展望等部分。内容组织应平衡定量数据与定性描述，提供全面而深入的 EHS 表现分析。

12.4.2.4　数据收集与验证机制

建立健全的数据收集和验证机制是确保报告可靠性的基础。这包括制定标准化的数据收集流程，使用先进的数据管理系统，实施内部审核和外部验证等措施。对于制药企业，还需特别注意敏感数据的保护和合规性。

12.4.3　针对不同利益相关方的报告策略

12.4.3.1　监管机构报告策略

针对监管机构的报告应重点关注合规性数据和指标。报告应详细说明企业如何满足和超越法规要求，包括环境许可遵守情况、职业健康安全标准执行情况等。同时，应主动披露任何不合规事件及其整改措施。

12.4.3.2　投资者报告策略

投资者关注 EHS 表现对企业长期价值的影响。报告应强调 EHS 管理与企业战略的整合，展示 EHS 投资的回报，以及 EHS 风险管理对企业可持续发展的贡献。财务量化的 EHS 影响分析和前瞻性的风险评估尤其重要。

12.4.3.3　员工报告策略

面向员工的 EHS 报告应突出企业对员工健康和安全的承诺。报告可包括职业健康项目的实施情况、安全文化建设成果、员工参与 EHS 管理的案例等。强调员工在 EHS 管理中的重要性，可以提高员工的参与度和满意度。

12.4.3.4　社区和 NGO 报告策略

针对社区和非政府组织的报告应关注企业的环境影响和社会责任。报告可详细说明企业在减少环境足迹、支持社区发展、参与环保项目等方面的努力。透明地披露潜在的负面影响及其缓解措施也很重要，这有助于建立信任和理解。

12.4.4　报告框架的实施与持续改进

12.4.4.1　报告编制流程的标准化

建立标准化的报告编制流程，包括数据收集、验证、分析和撰写等环节。明确各部门和人员的职责，制定详细的时间表和质量控制措施。标准化流程有助于提高报告的一致性和效率。

12.4.4.2 利用技术提升报告效率

采用先进的EHS管理信息系统和报告工具可以大大提高数据收集和报告编制的效率。考虑使用自动化报告生成工具、数据可视化技术等，以提高报告的准确性和可读性。

12.4.4.3 报告反馈机制的建立

建立系统的反馈收集机制，定期征求利益相关方对报告的意见。这可以通过问卷调查、焦点小组讨论、一对一访谈等方式进行。认真分析反馈意见，并在后续报告中做出相应改进。

12.4.4.4 与国际标准接轨

随着全球化趋势的加强，EHS报告框架应与国际标准接轨。关注全球报告倡议组织（GRI）、可持续发展会计准则委员会（SASB）等机构的最新标准和指南，并适时调整报告框架以保持其先进性和国际可比性。

12.4.5 案例分析

12.4.5.1 背景介绍

某跨国制药企业意识到其现有EHS报告无法充分满足各利益相关方的需求，决定对报告框架进行全面优化。公司成立了专门的项目组，开展为期一年的优化工作。

12.4.5.2 利益相关方分析过程

项目组首先进行了全面的利益相关方分析，通过问卷调查、访谈等方式，深入了解各方对EHS信息的需求和期望。分析结果显示，不同群体对报告内容、形式和发布频率有显著不同的偏好。

12.4.5.3 新报告框架的设计

基于分析结果，项目组设计了新的报告框架。新框架包括一份综合年度报告和多份针对性报告。年度报告全面覆盖EHS表现，针对性报告则满足特定利益相关方的需求，如向监管机构提供的详细合规报告、面向投资者的EHS风险与机遇分析报告等。

12.4.5.4 实施效果与经验总结

新报告框架实施后，公司收到了积极反馈。利益相关方普遍认为新报告更加透明、全面，且更易于理解和使用。公司的EHS透明度评级显著提升，投资者对公司的EHS管理更有信心。这个案例展示了基于利益相关方分析设计EHS报告框架的重要性和有效性。

12.5 总结

本章系统阐述了EHS绩效评估与持续改进的方法论，深入探讨了KPI体系、审计创新、成熟度模型和报告框架等关键内容，为读者提供了全面的评估改进解决方案。

本章的框架如图 12-1 所示。

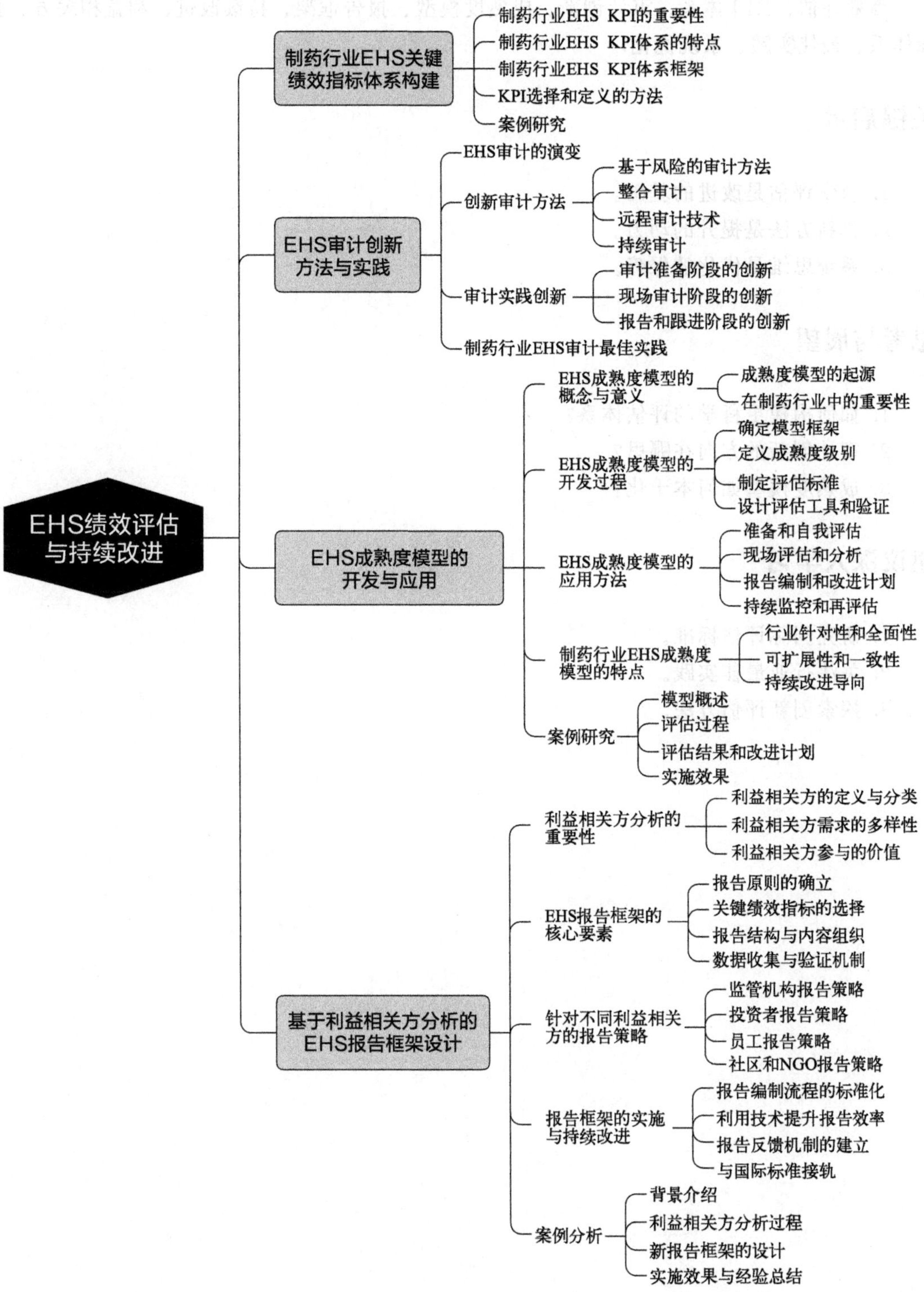

图 12-1　第 12 章内容框架

关键词

绩效评估、KPI体系、审计创新、成熟度模型、报告框架、持续改进、利益相关方、指标体系、最佳实践、系统优化。

关键启示

1. 科学评估是改进的基础。
2. 创新方法是提升的动力。
3. 系统思维是优化的保障。

思考与展望

1. 如何构建更科学的评估体系？
2. 审计创新的方向在哪里？
3. 成熟度模型如何本土化？

建议深入学习

1. 研究国际评估标准。
2. 关注行业最佳实践。
3. 探索创新评估方法。

第五部分
未来展望与研究方向

展望未来，制药行业的 EHS 管理将面临全球化、技术进步和可持续发展等多重挑战和机遇。本部分带领读者审视行业 EHS 的未来发展路径，涵盖新兴技术风险、SDGs 融合、伦理与社会责任等议题。通过对这些前沿方向的探讨，读者将获得应对未来挑战的洞察力，并明确在 EHS 领域内可以进一步研究和发展的方向。

第13章

制药行业EHS的未来挑战与机遇

制药行业 EHS 管理正面临着前所未有的挑战与机遇。本章将系统探讨全球化趋势、新兴技术挑战、可持续发展目标融合以及伦理和社会责任等重要议题，为制药企业未来发展提供战略思考。

在全球化和技术创新的双重驱动下，如何应对挑战，如何把握机遇，如何实现可持续发展，已成为制药企业 EHS 管理的战略性课题。

本章将引导读者：

✓ 把握全球化管理趋势。

✓ 应对新技术带来的挑战。

✓ 推进 SDGs 融合。

✓ 履行伦理义务和承担社会责任。

通过本章学习，读者将建立面向未来的战略思维，为企业可持续发展提供方向指引。

13.1 全球化背景下的 EHS 管理趋势

在全球化的背景下，制药行业的 EHS 管理面临着前所未有的挑战与机遇。随着国际市场的日益融合和贸易合作的加强，EHS 管理不仅要遵循本土法律法规，还需应对全球范围内的复杂规范和标准。这种趋势推动了制药行业在环境保护、职工健康安全、伦理道德以及社会责任等方面的持续优化和创新。与此同时，随着新兴制药技术的不断涌现，新的药物研发方式和生产技术带来了额外的 EHS 风险，亟待评估和管控。此外，联合国可持续发展目标（SDGs）的提出，使得制药行业不仅需关注自身生产活动的 EHS 问题，还需要与社会发展需求相结合，推动绿色、低碳的制药生产方式。伦理问题和社会责任亦成为制药行业 EHS 管理的核心议题，如何平衡创新与安全、效益与责任，已成为全球制药企业亟待解决的课题。本部分将深入探讨全球化背景下的 EHS 管理趋势，分析新兴制药技术带来的 EHS 挑战，并探讨 SDGs 与制药行业 EHS 的融合以及行业在伦理与社会责任方面的重大问题。

13.1.1　全球化生产和供应链整合

制药企业不断扩张全球业务，生产和供应链也日益复杂和分散。这要求 EHS 管理体系能够适应不同国家和地区的法规要求，并确保全球范围内 EHS 标准的一致性。

13.1.1.1　跨国生产基地的 EHS 标准统一

制药企业在全球范围内建立生产基地，需要制定统一的 EHS 管理标准，确保各地工厂的 EHS 绩效达到一致水平。这需要建立全球 EHS 管理体系，并定期评估和改进，确保标准的适用性和有效性。

13.1.1.2　全球供应商的 EHS 准入和管控

制药企业的供应链日益全球化，需要对供应商的 EHS 绩效进行严格评估和准入管理，确保供应链上下游的 EHS 标准一致。同时还需要定期监督和改进供应商的 EHS 管理，促进供应链的可持续发展。

13.1.1.3　产品全生命周期的 EHS 风险管理

制药企业需要对产品从研发、生产、运输、使用到废弃的全生命周期进行 EHS 风险识别和管控，确保产品在各环节的 EHS 合规性和安全性。

13.1.2　环境保护和可持续发展

制药企业面临着更严格的环境法规，需要不断提升环境绩效，减少碳排放、水耗、废弃物产生等环境影响。可持续发展已成为行业关注的重点。

13.1.2.1　清洁生产技术的应用

制药企业需要采用先进的清洁生产工艺和技术，如绿色化学、连续制造、微反应器等，减少生产过程中的资源消耗和污染排放。

13.1.2.2　资源循环利用和废弃物管理

制药企业应建立资源循环利用体系，最大限度地回收利用生产过程中产生的各类废弃物，减少最终的废弃物排放。同时还需要加强危险废物的规范化管理，确保环境安全。

13.1.2.3　碳中和目标的制定与实施

制药企业应制定切实可行的碳中和目标，并采取有效措施，如使用清洁能源、提高能效及碳吸收等，逐步实现碳中和目标。

13.1.2.4　绿色供应链的构建

制药企业应推动供应链上下游企业共同参与绿色发展，构建绿色、低碳的供应链体系，实现全产业链的可持续发展。

13.1.3 职业健康安全管理

制药生产涉及各种化学品和潜在危险，职业健康安全管理日益重要。企业需要强化安全文化建设，提高员工安全意识和操作技能。

13.1.3.1 化学品管理和作业安全

制药企业需要建立完善的化学品管理制度，规范化学品的采购、储存、使用和处置，确保作业安全。同时还要加强员工的化学品安全培训，提高安全操作技能。

13.1.3.2 生产设备和工艺的安全性

制药企业应定期评估生产设备和工艺的安全性，及时发现并消除安全隐患，确保设备运行的可靠性和工艺操作的安全性。

13.1.3.3 应急预案和事故应对机制

制药企业应制定完善的应急预案，配备必要的应急设备和物资，定期组织应急演练，提高事故应对能力，最大限度地减少事故造成的损失。

13.1.3.4 员工健康监护和职业病防治

制药企业应建立健全的员工健康监护制度，定期开展体检和健康评估，及时发现并预防职业病。同时还要加强职业病危害因素的监测和控制，保障员工的身心健康。

13.1.4 数字化转型与EHS管理

大数据、物联网、人工智能等技术正在深度融合EHS管理，实现更智能、高效的监测、预警和决策支持。

13.1.4.1 生产过程的实时监测和预警

制药企业应利用物联网技术，对生产过程中的关键参数进行实时监测，并建立智能预警机制，及时发现异常情况，提高EHS管理的敏捷性。

13.1.4.2 基于大数据的EHS风险分析

制药企业应充分利用大数据技术，对历史EHS数据进行深入分析，识别潜在风险，制定有针对性的预防和控制措施，提高EHS管理的精准性。

13.1.4.3 人工智能辅助的安全决策

制药企业应探索将人工智能技术应用于EHS管理，如利用机器学习模型进行事故预测和预防决策支持，提高EHS管理的智能化水平。

13.1.4.4　数字化 EHS 管理平台的应用

制药企业应构建集 EHS 数据采集、分析、决策于一体的数字化管理平台，实现 EHS 管理的标准化、可视化和自动化，提高管理效率。

总之，全球化背景下制药行业的 EHS 管理正面临着更加复杂和严峻的形势，需要企业不断创新管理模式，提升 EHS 绩效，实现可持续发展。

13.2　新兴制药技术带来的 EHS 挑战

随着制药行业技术的不断发展，一些新兴技术的应用给 EHS 管理带来了新的挑战。这些新兴技术包括生物制药技术、连续制造技术和个体化医疗技术等，给企业的 EHS 管理带来了诸多需要应对的问题。

13.2.1　生物制药技术的 EHS 风险

生物制药技术如基因工程、细胞培养等，涉及大量生物活性物质的操作，存在潜在的生物安全隐患。这要求制药企业加强生物安全管理，全面防范生物污染和职业暴露风险。

13.2.1.1　生物活性物质的安全处理

制药企业需要建立完善的生物活性物质管理制度，规范其在研发、生产、运输、废弃等各个环节的安全操作流程，制定应急预案，防范生物污染事故的发生。同时还要加强对相关人员的生物安全培训，提高他们的安全意识和操作技能。

13.2.1.2　生产设施的生物安全设计

在设计生物制药生产设施时，企业需要充分考虑生物安全因素，采用隔离、负压、HEPA 过滤等技术手段，确保生产过程的生物安全性。同时还要定期检测和维护这些生物安全设施，保证其持续有效运行。

13.2.1.3　员工生物安全防护

制药企业要加强员工的生物安全培训和防护措施，配备必要的个人防护装备，如无尘服、呼吸防护等，切实预防生物活性物质对员工的职业暴露。同时还要建立健全的职业健康监护制度，及时发现并控制生物安全隐患。

13.2.2　连续制造技术的 EHS 影响

连续制造技术可以提高制药生产的灵活性和效率，但也给 EHS 管理带来新的挑战。这主要体现在工艺安全性评估、环境影响评估和设备维护管理等方面。

13.2.2.1 工艺安全性评估

连续制造工艺的动态特性，要求企业对工艺安全性进行更加深入和全面的评估，识别并控制潜在的安全隐患，如反应失控、设备故障等。这需要企业建立健全的工艺安全管理体系，并定期开展安全评估和风险分析。

13.2.2.2 环境影响评估

连续制造可能会改变生产过程中物料和能源的消耗模式，从而对环境产生新的影响，如产生废水、废气、噪声等。企业需要评估这些环境影响，并采取相应的污染防治措施，确保达标排放。同时还要加强对生产过程中资源能源利用效率的监控和优化。

13.2.2.3 设备维护管理

连续制造设备的运行状态更加复杂，企业需要建立健全的设备维护管理体系，制定周期性检查、保养计划，确保设备安全可靠运行。同时还要加强对设备运行数据的监测和分析，及时发现并处理异常情况。

13.2.3 个体化医疗技术的 EHS 风险

个体化医疗技术如基因检测、定制化给药等，给 EHS 管理带来新的挑战。这主要体现在个体化产品的 EHS 合规性、个人基因信息的隐私保护以及医疗废物的规范化管理等方面。

13.2.3.1 个体化产品的 EHS 合规性

个体化医疗产品的生产和使用过程中，需要确保其 EHS 合规性，避免对患者健康和环境造成不利影响。企业需要建立健全的产品 EHS 管理制度，从原料采购、生产工艺、运输储存到最终使用，全程把控 EHS 风险。

13.2.3.2 个人基因信息的隐私保护

个体化医疗涉及大量个人基因检测信息，企业需要建立健全的信息安全管理制度，采取加密、访问控制等措施，确保患者隐私信息的安全性和保密性。同时还要加强员工的信息安全意识培训，防范信息泄露事故的发生。

13.2.3.3 医疗废物的规范化管理

个体化医疗会产生更多的医疗废物，如针头、试管、残留药物等。企业需要加强对这些废物的分类收集、运输和无害化处理，确保其规范化管理，避免对环境和人体健康造成危害。

总之，制药行业新兴技术的发展给 EHS 管理带来了诸多新的挑战，企业需要不断创新管理方法，提高 EHS 风险预防和控制能力，确保技术发展与 EHS 管理的协调统一，实现可持续发展。

13.3　可持续发展目标与制药 EHS 的融合

联合国可持续发展目标（SDGs）为企业可持续发展提供了全面的指引，制药行业也应积极响应和融合 SDGs，将其与 EHS 管理相结合，实现更加可持续的发展。制药企业应深入认识 SDGs 与 EHS 管理的内在联系，并采取切实有效的措施，将两者有机融合，共同推进行业的可持续发展。

13.3.1　SDGs 与制药 EHS 管理的关联

制药行业的 EHS 管理与 SDGs 存在密切关联。首先，良好健康与福祉（SDG 3）是制药行业的核心使命，企业需要确保药品的安全有效性，提供优质的健康产品。其次，清洁饮水和卫生设施（SDG 6）、负责任消费和生产（SDG 12）等目标，要求制药企业在用水管理、污染防治、资源利用等方面采取更加环保和节约的措施。此外，气候行动（SDG 13）、水下生物（SDG 14）和陆地生物（SDG 15）等目标，也要求制药企业减少温室气体排放，降低对环境的不利影响。总的来说，制药 EHS 管理与 SDGs 高度契合，企业应主动将二者有机结合，共同推进行业的可持续发展。

13.3.2　融合 SDGs 的制药 EHS 管理实践

制药企业应从多个方面着手，将 SDGs 理念融入 EHS 管理全过程。首先，企业应根据自身 EHS 现状和 SDGs 要求，制定切实可行的 EHS 管理目标，如用水效率、温室气体排放、职业健康等，并将其纳入企业整体发展战略。其次，企业应通过采用清洁生产技术、循环经济模式等，优化生产工艺和管理流程，提高资源利用效率，减少污染物排放，最大限度地降低对环境的影响。同时，企业还应广泛听取员工、客户、监管部门等利益相关方的意见和建议，共同推进 EHS 管理与 SDGs 的融合。此外，企业应建立健全的 EHS 绩效考核体系，将 SDGs 相关指标纳入考核范围，并主动披露 EHS 管理信息，接受社会监督。最后，制药企业应主动参与行业 SDGs 实践交流，分享经验做法，推动整个行业的可持续发展。

总之，制药企业应主动将 SDGs 理念融入 EHS 管理全过程，不断优化管理措施，提高 EHS 绩效，为实现可持续发展做出应有贡献。

13.4　制药行业 EHS 的伦理问题与社会责任

制药行业作为关系到公众健康和生命安全的重要产业，其 EHS 管理不仅涉及法规合规，更需要承担起相应的社会责任和伦理义务。制药企业应充分认识到这一点，在追求经济效益的同时，积极履行社会责任，维护公众利益。制药行业 EHS 管理涉及的伦理问题广泛而复杂，企业必须高度重视，采取有效措施予以应对。

13.4.1 制药行业 EHS 管理的伦理挑战

制药行业 EHS 管理涉及的伦理问题主要包括药品安全性和有效性、临床试验伦理、环境保护责任、职业健康安全以及信息披露透明度等方面。首先，在研发、生产和销售药品的过程中，企业必须确保药品的安全性和有效性，避免给患者带来不必要的健康风险。这不仅关系到患者的生命健康，也是企业应尽的基本道德责任。其次，在进行临床试验时，企业更需要严格遵守伦理规程，充分保护受试者的权益，确保试验过程的合法合规性。此外，制药企业的生产活动对环境造成一定程度的污染和破坏，企业应当切实履行环境保护的社会责任，采取有效措施减少排放，最大限度降低对生态环境的影响。同时，企业还应为员工提供安全健康的工作环境，切实保障员工的职业健康安全，这也是企业应尽的基本义务。最后，企业应当主动披露 EHS 管理信息，接受公众监督，维护社会公众的知情权，这不仅是企业应尽的责任，也有助于增强公众的信任。

13.4.2 制药企业的社会责任实践

为了履行 EHS 管理的伦理责任，制药企业应从多个方面采取有效措施。首先，企业需要建立健全的 EHS 管理体系，确保药品质量安全和生产过程的环保合规性，这是企业应尽的基本责任。其次，企业应制定并严格执行临床试验伦理规程，切实保护受试者权益，体现企业的社会责任担当。同时，企业还应采取清洁生产技术，减少污染排放，最大限度降低对环境的影响，履行环境保护责任。此外，企业应完善职业健康安全管理制度，为员工创造安全健康的工作环境，切实保障员工权益。除此之外，企业还应主动披露 EHS 管理信息，接受公众监督和评价，增强社会公众的信任。最后，企业应积极参与社会公益事业，回馈社会，履行企业公民责任。

总之，制药企业应将 EHS 管理的伦理责任和社会责任放在首位，在追求经济效益的同时，切实维护公众利益，为社会可持续发展做出应有贡献。

13.5 总结

本章系统展望了制药行业 EHS 的未来发展，深入分析了全球化趋势、技术挑战、可持续发展目标和伦理责任等重要内容，为读者提供了全面的战略思考。

本章的框架如图 13-1 所示。

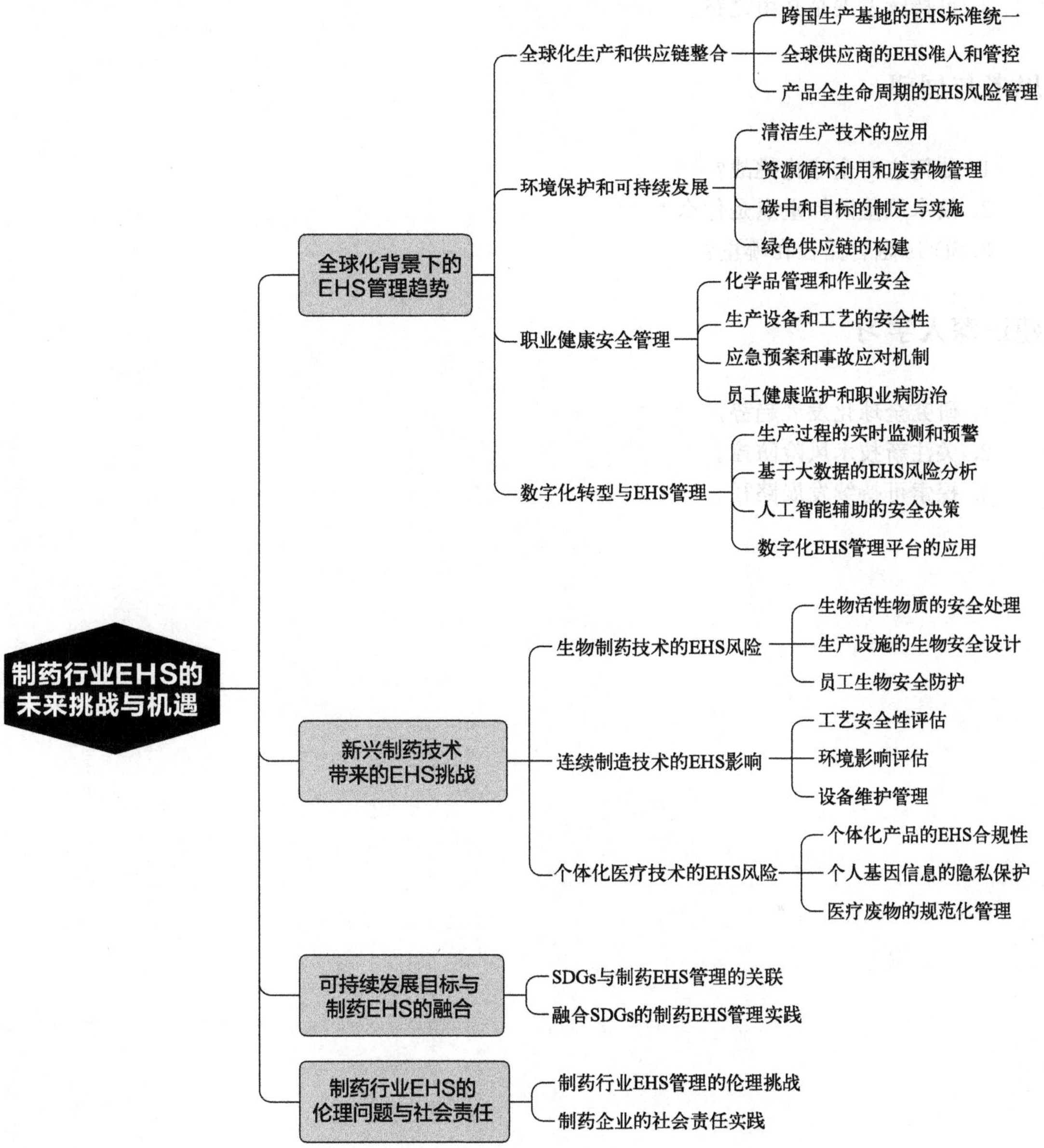

图 13-1　第 13 章内容框架

关键词

未来挑战、全球化趋势、新兴技术、可持续发展、伦理责任、社会责任、战略规划、风险应对、目标融合、发展机遇。

关键启示

1. 全球化是大势所趋。
2. 技术创新带来新挑战。

3. 可持续发展是必由之路。

思考与展望

1. 如何应对全球化挑战？
2. 技术风险防控重点是什么？
3. SDGs 融合路径在哪里？

建议深入学习

1. 研究全球化发展趋势。
2. 关注新技术风险防控。
3. 探索可持续发展路径。

第 14 章

制药行业EHS研究前沿与方法

制药行业 EHS 研究正在向多学科交叉、数据驱动和系统化方向发展。本章将系统探讨交叉学科研究方向、大数据分析与建模方法、系统动力学模型以及参与式行动研究等学术前沿内容，为制药 EHS 研究提供方法指导。

在科技创新和学科融合的背景下，如何开展前沿研究，如何创新研究方法，如何推进实践应用，已成为制药 EHS 领域的重要课题。

本章将引导读者：

✓ 了解交叉学科研究方向。

✓ 掌握大数据分析方法。

✓ 把握系统动力学建模。

✓ 探索行动研究应用。

通过本章学习，读者将建立科学研究的系统思维，为 EHS 学术研究提供方法支持。

14.1 制药 EHS 交叉学科研究方向

随着制药行业的快速发展，EHS 管理已不再局限于传统的单一学科领域，而是逐渐呈现出交叉学科的特征。在这一背景下，制药 EHS 的研究需要结合多个学科的知识与技术，以全面应对新兴挑战。环境毒理学与药物动力学的结合，使我们能够更准确地评估药物对环境和人体健康的潜在影响，从而优化药物的开发和应用。工业工程学与运营管理则为制药行业提供了更加高效、可持续的生产和运营模式，助力企业提升资源利用效率并减轻环境负担。同时，信息技术与大数据分析为制药 EHS 管理带来了全新的视角，通过数据驱动的决策和预测模型，提升风险评估与管理的精确性和时效性。行为科学与组织管理的融合，帮助我们理解和改善企业内外部利益相关者的行为，从而推动 EHS 管理制度的落地和持续优化。本节将深入探讨这些交叉学科的研究方向及在制药 EHS 领域的应用，以期为行业提供更加科学、系统的 EHS 管理思路。

14.1.1 环境毒理学与药物动力学

制药生产过程中使用的原料、中间体以及最终产品可能会对环境造成一定程度的污染和生态破坏。环境毒理学研究这些化学物质对生态系统的毒性效应，为制药企业的环境管理提供科学依据。同时，药物动力学研究药物在人体内的吸收、分布、代谢和排出过程，也为制药 EHS 管理提供重要参考。

14.1.2 工业工程学与运营管理

制药生产涉及复杂的工艺流程和设备系统，需要运用工业工程学的原理和方法进行优化设计，提高生产效率的同时降低能耗和污染排放。此外，运营管理学也为制药企业的 EHS 管理提供了系统性的理论和方法支持。

14.1.3 信息技术与大数据分析

随着制药行业信息化水平的不断提升，EHS 管理也越来越依赖于信息技术手段。大数据分析、人工智能等技术为 EHS 风险预测、过程优化、应急响应等提供了新的研究方向。

14.1.4 行为科学与组织管理

制药 EHS 管理的最终落地需要依赖于员工的行为和组织的管理。行为科学研究人员的心理、动机和行为模式，为制药企业建立有效的 EHS 文化提供理论基础。组织管理学则为 EHS 管理体系的构建和持续改进提供了系统性的方法论。

总之，制药 EHS 管理需要跨学科的研究视角和方法，整合环境科学、工程技术、信息技术、行为科学等多个领域的理论和实践，以期实现更加系统、高效和可持续的 EHS 管理。

14.2 EHS 大数据分析与建模方法

随着制药行业信息化水平的不断提升，EHS 管理也越来越依赖于大数据分析和数学建模等技术手段。这些方法可以帮助企业更好地识别风险、优化管理、预测趋势，提高 EHS 管理的科学性和有效性。

14.2.1 EHS 大数据分析

制药企业在生产、环保、安全、健康等方面积累了大量的数据资源，包括生产工艺参数、环境监测数据、事故报告、员工健康档案等。利用大数据分析技术，企业可以挖掘这些数据中蕴含的价值，为 EHS 管理提供支持。

通过大数据分析，企业可以开展风险预测和预警，识别潜在的 EHS 风险，提前采取预防措施。同时，分析生产工艺数据，找出影响能耗和排放的关键因素，优化工艺参数，提高资源利用效率。此外，对事故报告数据进行深入分析，可以找出事故原因，制定针对性的应急预案。此外，结合员工健康档案数据，企业还可以分析职业病发生规律，采取有针对性的预防措施。

14.2.2 EHS 数学建模

除了大数据分析，制药企业还可以利用数学建模的方法，构建 EHS 管理的仿真模型，对生产过程、环境影响、安全风险等进行模拟和优化。常用的 EHS 建模方法包括系统动力学模型、蒙特卡罗模拟、离散事件模拟和机器学习模型等。这些模型可以描述 EHS 管理系统中各要素之间的动态反馈关系，预测长期趋势，分析 EHS 风险事件发生的概率分布，优化工艺流程和资源配置，对 EHS 关键指标进行精准预测。

总之，EHS 大数据分析和数学建模为制药企业提供了科学有效的管理工具，有助于提高 EHS 管理的精准性和前瞻性，为企业可持续发展提供支撑。

14.3 制药 EHS 系统动力学模型构建

制药企业的 EHS 管理涉及多个子系统，如生产工艺、环境排放、安全防护、员工健康等，这些子系统之间存在复杂的动态反馈关系。为了更好地理解和预测这种系统性行为，制药企业可以采用系统动力学建模的方法。

系统动力学是一种基于反馈控制理论的建模方法，可以描述复杂系统中各要素之间的因果关系和动态变化过程。在制药 EHS 管理中应用系统动力学模型，可以帮助企业分析 EHS 管理系统的整体行为，预测长期趋势，并探索有效的干预策略。通过建立反映制药 EHS 管理系统动态特性的仿真模型，企业可以更好地规划和优化 EHS 管理措施。

14.3.1 制药 EHS 系统动力学模型的构建

构建制药 EHS 系统动力学模型的一般步骤包括：确定系统边界和关键变量、建立因果关系图、建立存量流量图、进行模型仿真与验证，最后开展情景分析与优化。

首先，根据 EHS 管理的具体需求，确定模型的系统边界，识别关键的系统变量，如生产量、能耗、排放量、事故率等。然后，分析各变量之间的因果关系，构建反馈回路，描述系统中的动态机制。接下来，将因果关系转化为存量流量图，定义各变量之间的数学关系，确定模型参数。在此基础上，利用专业的系统动力学软件进行模型仿真，并通过历史数据对模型进行校验和调整，确保模型能够准确反映实际情况。最后，基于校验后的模型，设置不同的情景假设，分析 EHS 管理策略的长期影响，寻找最优方案。

14.3.2 制药 EHS 系统动力学模型的应用

制药企业可以利用系统动力学模型开展生产过程 EHS 风险分析、环境影响评估、安全生产管理、职业健康管理等应用。

在生产过程 EHS 风险分析方面，企业可以模拟生产工艺变化对能耗、排放、事故等指标的影响，找出关键因素，优化工艺参数，降低 EHS 风险。在环境影响评估方面，企业可以预测废水、废气、固废等排放对周边环境的长期影响，为环境管理决策提供依据。

在安全生产管理方面，企业可以分析安全投入、培训等措施对事故率的动态影响，制定有效的安全管理策略。在职业健康管理方面，企业可以模拟职业病发生规律，评估职业健康保护措施的效果，为员工健康管理提供支持。

总之，系统动力学建模为制药企业 EHS 管理提供了一种系统性、动态性的分析方法，有助于提高 EHS 管理的科学性和前瞻性。

14.4 参与式行动研究在 EHS 实践中的应用

除了采用系统动力学建模等定量分析方法，制药企业在 EHS 管理实践中还可以应用参与式行动研究（PAR）的方法。PAR 是一种以实践者为中心的研究方法，它强调研究者与实践者的密切合作，聚焦于共同识别问题、制定解决方案，并在实践中实施和持续改进。不同于传统的自上而下的 EHS 管理模式，PAR 更注重“自下而上”的参与式方式，它将一线员工的实践经验和智慧纳入管理体系中，以提升 EHS 管理的有效性和针对性。

在 EHS 管理的实际操作中，PAR 的应用可以帮助企业更深入地了解一线员工面临的实际问题。通过与员工的紧密协作，企业能够及时识别出生产过程中的 EHS 隐患，并共同设计出可行的改进措施。员工不仅参与到问题的识别过程中，还能够在后续的实施阶段发挥积极作用，确保措施的有效执行，并根据实际情况进行调整和优化。此外，在这一过程中生成的实践经验和教训，也会被系统化，最终形成一套具有可复制性的 EHS 管理模式，供企业在其他生产环节中应用。

通过这种方式，PAR 能够充分调动员工的积极性和创造性，从而提高 EHS 管理措施的可操作性和落实效果。在推动 EHS 文化建设方面，PAR 也起到了重要作用。通过实践者的广泛参与，企业不仅能够改善 EHS 管理的质量，还能够增强员工对 EHS 工作的认同感和责任感，促进 EHS 文化在企业内部的形成和深化。

14.4.1 PAR 在 EHS 管理中的特点

与传统的自上而下的 EHS 管理方式不同，PAR 强调“自下而上”的参与式方法，充分发挥一线员工的经验和智慧。在 EHS 管理的实施中，PAR 方法能够让员工从问题识别到解决方案制定，再到实际行动的实施和持续改进，贯穿整个过程。这种方式不仅有助于调动员工的积极性，提升他们的创造性，还能够通过员工参与，确保改进措施更加切合实际，从而提高 EHS 管理的针对性和有效性。通过在实践中积累的经验，PAR 能够将这些教训转化为具体的管理模式，使其能够在不同的环节中复制和应用。

14.4.2 PAR 在制药 EHS 管理中的应用实例

在制药行业，PAR 方法可以在多个领域得到应用，尤其是在车间安全管理、环保设施优化、职业健康保护、应急预案演练等方面。例如，制药企业可以邀请一线操作人员参与识别车间内潜在的安全隐患，并共同制定相应的改进措施，这样能确保问题的解决更贴近实际，且容易执行。此外，结合环保技术人员和生产人员的实际经验，企业能够在废水处理、废气治理等环保设施的优化中取得显著进展。对于职业健康管理，制药企业还可以组织员工小组，分析职业病发生的原因，制定切实可行的预防措施，以保障员工的健康和安全。

在应急管理方面，企业可以邀请各部门代表参与完善应急预案的设计和演练，提高整体应急响应能力。这不仅增强了员工的安全意识，还提高了各部门之间的协作效率，提升了整个企业应对突发事件的能力。

通过 PAR 方法，制药企业能够更加精准地识别和解决 EHS 管理中的问题，同时充分调动员工的积极性，提升管理措施的实际效果。这种以实践者为中心的方法能够在企业内部形成强有力的 EHS 文化，推动企业在环境、健康与安全方面不断取得进步。

14.5 总结

本章系统阐述了制药行业 EHS 研究的前沿方向与方法，深入探讨了交叉学科研究、大数据分析与建模、系统动力学和参与式行动研究等重要内容，为读者提供了全面的研究方法指导。

本章的框架如图 14-1 所示。

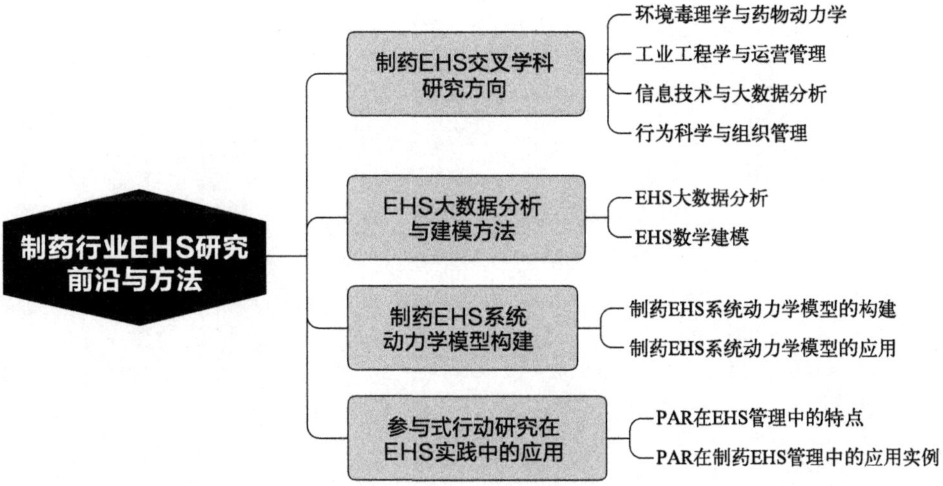

图 14-1 第 14 章内容框架

关键词

研究前沿、交叉学科、大数据分析、系统动力学、参与式行动研究、方法创新、模型构建、实践应用、学科融合、研究方法。

关键启示

1. 学科交叉是研究趋势。
2. 数据驱动是方法创新。
3. 系统思维是模型基础。

思考与展望

1. 如何推进交叉学科研究？
2. 大数据分析方向在哪里？
3. 系统模型如何优化？

建议深入学习

1. 研究国际前沿动态。
2. 关注方法创新实践。
3. 探索模型应用路径。

参考文献

[1] 中国医药企业管理协会 EHS 专业技术委员会. 中国制药工业 EHS 指南（2020 版）[R/OL]. (2021-01-18) [2025-04-03]. https://www.cpema.org/index.php?m=content&c=index&a=lists&catid=49.

[2] 王慧，王晨，田业超，等. 城市污水处理厂及其受纳水体中典型 PPCPs 的分布特征及其生态风险评价[J]. 环境科学学报，2023，43（04）：339-349.

[3] 李志强. 多进水基质对纳滤膜去除 PPCPs 的影响研究[D]. 上海：华东交通大学，2023.

[4] 李晶晶，王婉至，李迎政，等. 微生物的抗生素耐药性监测与管理策略[J]. 工业微生物，2024，54（05）：185-187.

[5] 李贺. 我国中药类制药废水处理实际工程应用进展[J]. 长春工程学院学报（自然科学版），2021，22（04）：67-72，106.

[6] 赵卫凤，王洪华，倪爽英，等. 制药工业废水污染排放控制可行技术分析[C] //中国环境科学学会环境工程分会. 中国环境科学学会 2021 年科学技术年会——环境工程技术创新与应用分会场论文集（二）. 河北省生态环境科学研究院，国家环境保护制药废水污染控制工程技术中心，2021.

[7] 曾萍，刘庆芬，刘文富. 制药行业水污染全过程控制技术[M]. 北京：化学工业出版社，2021.

[8] 张静. 典型制药行业废水中 VOCs 特性研究[D]. 石家庄：河北科技大学，2014.

[9] 龙旭，卢莹磊，王珂莹，等. 中药固体废弃物的能源化发展——“双碳”经济转型中的机遇与挑战[J]. 中草药，2025，56（06）：1877-1887.

[10] 魏丹言. 我国医药企业高质量发展的绩效评价研究[D]. 成都：四川师范大学，2024.

[11] 段金廒，宿树兰，郭盛，等. 中药资源全产业链废弃物及副产物分级分类体系构建[J]. 中国现代中药，2022，24（10）：1830-1839.

[12] 卢莹磊，龙旭，王珂莹，等. “双碳”背景下热解气化技术在中药固体废弃物制燃气中的应用与探索[J]. 中国中药杂志，2025，50（06）：1437-1448.

[13] 张霞，谢印，鲍萍萍，等. 基于药品分类的活性药物成分职业健康风险识别探索[J]. 中国卫生资源，2022，25（05）：607-612.

[14] 庞爱，张立，汪运. 某制药企业应用 PDCA 循环提升职业病防治水平效果分析[J]. 现代医药卫生，2022，38（03）：528-530.

[15] 朱宝光. 制药工艺质量现场管理控制分析[J]. 科技创新与应用，2020，(17)：112-113.

[16] 梅妮，周坛树，张华，等. 构建生物安全防线：中国生物制品监管的进展与挑战[J]. 中国医药生物技术，2025，20（01）：19-23.

[17] 王松. 制药设备故障大数据分析与预测技术研究[J]. 中国机械，2023（22）：109-112.

[18] 蒋梦云，尚雨欣. 基于阿里云的无线 IOT 在数字制药车间场景下的设计应用[J]. 电脑知识与技术，2024，20（03）：85-87，90.

[19] 卢浩荣，樊亮，孙博，等. 基于节能与先进技术的制药行业灯塔工厂研究[J]. 价值工程，2024，43（33）：56-58.